滇池河口前置库污染物削减机理及示范工程

李彬 宁平 吕锡武 杜劲松 著

北京
冶金工业出版社
2013

内 容 简 介

本书借鉴物理、化学和生物等多学科技术在水环境治理中的研究成果，提出了滇池入湖河口前置库生态系统，并从实验室试验选择吸附剂、河流泥沙吸附氮磷、生态防护墙设计等方面对前置库净水功能进行强化，建立了流场动力学模型和水质综合模型，对前置库改善水质效果、除污机理、净化强化技术及数值模拟等方面进行了探索性研究，并将研究成果运用在滇池入湖河流——东大河进行示范工程的跟踪研究，运行经验数据表明河口前置库因地制宜地解决了行洪和污染控制，对于指导河口前置库的设计和运行有借鉴意义。

本书可供从事水污染控制的技术人员及管理人员参考使用，也是水处理方向研究的较好参考用书。

图书在版编目(CIP)数据

滇池河口前置库污染物削减机理及示范工程/李彬等
著. —北京：冶金工业出版社，2013.11
ISBN 978-7-5024-6313-7

Ⅰ.①滇… Ⅱ.①李… Ⅲ.①滇池—湖泊污染—污染
防治 Ⅳ.①X524

中国版本图书馆 CIP 数据核字（2013）第 269829 号

出 版 人 谭学余
地 址 北京北河沿大街嵩祝院北巷 39 号，邮编 100009
电 话 (010) 64027926 电子信箱 yjcbs@cnmip.com.cn
责任编辑 郭冬艳 美术编辑 吕欣童 版式设计 杨 帆
责任校对 郑 娟 责任印制 张祺鑫
ISBN 978-7-5024-6313-7
冶金工业出版社出版发行；各地新华书店经销；北京慧美印刷有限公司印刷
2013 年 11 月第 1 版，2013 年 11 月第 1 次印刷
169mm×239mm；11.75 印张；225 千字；172 页
39.00 元
冶金工业出版社投稿电话：(010)64027932 投稿信箱：tougao@cnmip.com.cn
冶金工业出版社发行部 电话：(010)64044283 传真：(010)64027893
冶金书店 地址：北京东四西大街 46 号(100010) 电话：(010)65289081(兼传真)
（本书如有印装质量问题，本社发行部负责退换）

前　言

　　云南省九大高原湖泊流域是全省社会经济发展的重要区域，流域 GDP 约占全省的 30%，也是水污染防治和水环境保护的重点区域，流域内 70%～80% 的污染物主要通过众多的河流进入湖泊。以滇池为例，通过 35 条河道年均输入 COD、TN、TP 分别占滇池流域污染物负荷量的 72%、78%、80%。而其中有近75%的污染负荷主要集中在雨季入湖，污染负荷呈现出时间和空间上的巨大差异。另外，近年来，随着点源的有效治理，入湖污染负荷以面源、污水厂尾水等低污染水为主，具有点多、面广、分散、量大等特点，突发性、暴发性、冲击性极强。入湖污染的这些特征为湖泊污染治理提出了新的挑战。

　　本书针对入湖污染负荷的输移规律，以高原湖泊河—湖复合生态系统为研究对象，以入河入湖污染负荷削减和水环境改善为目标，依托云南省科技厅专项、云南省环保厅专项及工程示范项目，逐步积累、开发形成了滇池河口前置库污染物控制技术。针对源近流短、冲击负荷大的河流，于河流下段、河口及湖湾设置前置库塘系统，包括人工构建的前置库，有效调蓄沉淀拦截入湖污染物，人工适度干预构建河口湿地，实现入湖污染的最后拦截，并逐步恢复河口良性生态系统。所谓前置库，是指利用水库存在的从上游到下游水质浓度变化梯度特点，根据水库形态，将水库分为一个或者若干个子库与主库相连，通过延长水力停留时间，促进水中泥沙及营养盐的沉降，同时利用子库中大型水生植物、藻类等进一步吸收、吸附、拦截营养盐，从而降低进入下一级子库或者主库水中的营养盐含量，抑制主库中藻类过度繁殖，减缓富营养化进程，改善水质。在典型的前置库内，河水首先进入初沉池，由于挡板和溢流板的作用，泥沙和颗粒物在初沉池中得以充分沉淀，然后进入主反应区，在主反应区发生物理化学及生物作用，从而加快氮磷、有机物的去除速率。前置库因其具有费用较低、管理方便等优点，正成为控制湖库面源污染的有效手段之一，但从国内外研究现状来看，仍存在一些不足，如对前置库的研究面上不够广，点上不够深；学者多把研究重点放在除磷上，对氮、有机物和悬浮颗粒去除机理研究较少；对于前置库区的植物选配报道较少。本书借鉴物理、化学和生物等多学科技术在水环境治理中的研究成果，提出了滇池入湖河流前置库综合处理生态系统。从实验室静态试验选择吸附剂、河流泥沙吸附氮磷、生态防护墙设计等方面对前置库净水功能进行强化，并在滇池流域入湖河流——东大河进行河口前置库示范工程的跟踪研究，对前置库改善水质效果、污染物去除机理、水体净化效果强化技术及数值模拟等方面进行了探索性研究。根据前置库示范区的水流特征，本书建立了流场动力学模型，并对前置库一次暴雨过程前后 25h 进行流场变化的跟踪模拟，模拟结果与现场监测结果吻合较好。同时，综合考虑 Monod 方程、化学动力学和 Fick 扩散定律，建立了前置库水质综合模型，采用模型计算的 TN、TP、COD 浓度，与实测数据相关性较好，模型可以用来解释前置库内污染物的去除机制和途径。在前置库净化机理及数值模拟研究的基础上，以河口、湖湾为处理空间，研发了前置库生态防护墙技术（专利号：ZL 2008 2 0081535.6）、柱状沉积物采集技术（专利号：ZL 2010 2 0619582.9）、湖泊等深线测绘技术（专利号：2011 10298290.9）、柔性导流墙技术、植物浮岛技术等。通过专利技术的组合运用，开发形成了集调蓄、沉淀、植物净化于一体的"湖中湖"前置库技术。工程应用实践证明，前置库能在雨季有效调蓄滞洪、沉淀净化初期雨水。该技术具有投资省、成本低、不占用土地、便于施工等优点。水处理表面负荷 $0.04 \sim 0.06 \mathrm{m}^3/(\mathrm{m}^2 \cdot \mathrm{d})$，COD、TN、TP 去除率达 10% ~ 20%，每立方米投资 100 元，每立方米运行成本低于 0.02 ~ 0.03 元。该技术在滇池大清河、南岸东大河等地进行了工程应用。

　　示范工程运行结果表明，采用投加吸附剂、增设生态防护墙、合理的植物搭配及对流场人工干预等强化手段，可以有效提高前置库净化低浓度微污染河水的能力，前置库库区构成的河流末端小型生态系统较为稳定。本书为前置库技术在高原地区面源污染控制方面的推广应用提供了理论支撑，同时建立了示范工程，因此具有一定的现实意义。

　　本书共分两部分，第一部分为理论研究，第二部分为示范工程建设及运行情况。本书共分为10章，由李彬负责统稿，其中宁平参与了第1章、第2章、第4章、第6章的编写；吕锡武参与了第3章、第5章的编写；杜劲松参与了第7章、第8章、第9章和第10章的编写。

　　本书作者得到了国家科技重大专项湖泊大规模蓝藻去除与处理处置技术及工程示范（2009ZX07101-011）、云南省环境保护发展项目（YN2007244）、昆明市政府"十一五"入湖河道治理重大示范项目（KM20060217）等资金的支持。在入滇池河道末端开展前置库示范工程强化措施研究，示范工程的建设对于缓解滇池的污染趋势，改善进入滇池的河流水质，修复水生生态等，都具有一定的现实意义。

　　由于作者水平有限，写作过程中难免有一些疏漏和不当之处，敬请广大读者批评指正。

作　者
2013 年 7 月于昆明

目　录

第一篇　理　论　研　究

第二篇　示　范　工　程

第一篇　理论研究

1 绪 论

1.1 写作背景

云南省九大高原湖泊流域是全省社会经济发展的重要区域，流域 GDP 约占全省的 30%，也是水污染防治和水环境保护的重点区域，流域内 70% ~ 80% 的污染物主要通过众多的河流进入湖泊。以滇池为例，通过 35 条河道年均输入 COD、TN、TP 分别占滇池流域污染物负荷量的 72%、78%、80%。而其中有近 75% 的污染负荷主要在雨季入湖，污染负荷呈现出时间和空间上的巨大差异。另外，近年来，随着点源的有效治理，入湖污染负荷以面源、污水处理厂尾水等低污染水为主，具有点多、面广、分散、量大等特点，突发性、暴发性、冲击性极强。入湖污染的这些特征为湖泊污染治理提出了新的挑战。

"让江河湖泊休养生息是生态文明理念在水环境综合治理领域的集中体现、是生态文明建设的重要抓手、也是生态文明建设的一项重要任务"[65]，2009 年第十三届世界湖泊大会上国家环保部部长周生贤做了"让江河湖泊休养生息"的大会报告。由此表明我国水环境形势十分严峻，水污染防治工作需要加大投入。近年来，湖泊和水库的污染受到越来越多的重视，但大多数湖库换水周期较长，导致湖库水污染治理已成为世界性难题，也逐渐成为水污染技术研究的热点问题之一。然而，对湖泊水库的治理往往注重于湖库内源本身，常常忽略了对入湖进库河道的治理。实际上，湖库的污染常常是河道沿途携带的面源污染造成的[1,2]。

入湖河流与湖泊是一个不可分割的"复合生态系统"，河流在流域水环境中具有特殊的地位和作用，是湖泊的命脉。一个"活"的系统，健康的河流生态系统必须保持其水力学、水化学、水生态学和水生生物学的功能[3,4]。为探索滇池流域的面源污染控制新技术，我们考察了日本等国湖库面源污染控制的实际工程，多次进行技术比较并结合滇池流域的污染特征，首次在滇池入湖河道开展前置库系统的强化研究和示范工程研究，以期为滇池面源污染控制架起一座有效的屏障。

1.1.1 国内外湖泊污染现状

目前，在欧洲的 96 个湖泊当中仅有 19 个处于贫营养状态，其余 80% 都不同程度地受到氮、磷的污染，呈现较旺盛的藻类生长能力。北美五大湖是世界重要湖泊群之一，五大湖中水质最好的为苏必利尔湖，属贫营养湖，休伦湖和密执安湖处于中营养状态，而伊利湖和安大略湖则水质略差，属于富营养化湖[1,5]。

亚洲湖泊水质南北差异较大，北部如西伯利亚和俄远东地区的湖泊水体清澈，水生生物与湖中营养盐类保持着相对合理的比例，水质良好；南部地区部分湖水混浊，水中各种污染物浓度较高，水质较差[16]。亚洲湖泊水质的主要特点是水中氮、磷含量较高[2]。南部湖泊大部分水质属五类或劣五类，富营养化问题突出，适宜的自然条件和湖中营养盐类容易引起水华。除氮、磷以外，有机物污染也是亚洲湖泊中普遍存在的问题：大部分城市湖泊受纳生活污水较多，高锰酸盐指数和生化需氧量均超标严重，需要着重治理[2]。

我国是一个多湖泊国家，面积在 $1km^2$ 以上的湖泊共有 2300 余个，湖泊总面积约为 $71787km^2$，湖泊贮水总量约 7088 多亿立方米[8]。根据我国对 37 个主要湖泊的调查资料，以及国内外评价湖泊富营养化的经验制定的指标，37 个湖泊的富营养状况为：具有中营养型和中—富营养型的占 55.8%，富营养型的占 14.7%，重富营养型的占 8.8%[6]。近十几年来，我国湖泊富营养化的趋势发展很快，在 20 世纪末，大多数湖泊的富营养化都有加重趋势，因此对湖泊富营养化的防治已成为我国当今环境治理的重要任务之一，开展湖泊富营养化与水污染控制与治理意义重大。

云南的九大高原湖泊受到日益严重的生活和工业污水的污染，近 20 年来部分湖泊水质迅速恶化，有六个明显存在着富营养化的趋势，湖泊富营养化成了云南省最大的生态环境问题。尤其是滇池的污染已经影响到了昆明市民的饮水问题，滇池入湖河流调查表明：滇池的 29 条主要入湖河道水质均为 V 类水体[1]。因此，对滇池的治理已经不能仅仅局限于湖泊本身的治理，对入湖河道进行治理将有利于减少入湖的污染负荷，有利于湖泊自净功能的充分发挥。鉴于此，对入湖库的河道治理已成为国内外学者共同关注的热点。

1.1.2　湖泊生态修复技术

目前，湖库污染及其生态环境的破坏，是由多种原因同时作用促成的。人们对湖库施加了过多的环境压力，同时还为了水土保持、防洪、航运等自身安全和经济发展的目的，对湖库等水体采取了大规模的人工改造，采用现代工程技术手段改变其堤岸形态，从而改变了水体的自然特征，水体生态越来越趋向于封闭化、几何形状规则化和堤岸渠道化等[44]。从而，使湖库本身的自净功能部分或完全丧失。近年来，随着环境、材料以及生态工程等学科的发展，以及对非生态性工程措施的严重后果的认识进一步加深，生态水处理技术以及水体原位性生态修复工程逐渐成为人们关注的热点[37~39]。

生态工程技术以仿生学为基本原理，在天然水体生态系统中引进工程的力量，从而提高水质净化能力，该技术体系是以生态系统为基础，以食物链为纽带，为细菌、藻类、原生动物、微小后生动物到鱼类、两栖类动物在水域、陆域等环境生态场所提供有机的链接功能，并用工程学的方法予以控制。生态工程技术的特点是强化自然净化机能，强化物质、能量和信息通过生物之间的相互转换，实现生态系统的功能健全，进而使包括人类在内的环境系统实现和谐统一[11]。目前，生态工程技术已广泛应用于河道、湖泊、水库等污染水体的生态修复之中，常用的技术方法有植物修复技术[1]、湖滨带生态修复[44]、人工湿地修复[21]、生态浮岛[17]、前置库[5]等。

1.1.2.1 水生植物修复

水生或湿生植物是水生生态系统的重要组成部分，是整个水体生态系统中的能量和物质基础，为微生物提供生存环境，对维护生态完整性具有重要作用[1]。水生植物可以吸收并去除水中的营养物质，并对有毒有害物质具有很强的吸收、分解和净化能力。植物修复对污染物的去除主要是通过植物萃取、降解、挥发、根际过滤、植物固定等作用共同完成的[2]。

水生植物修复技术成功与否很大程度上取决于植物类型的选配。挺水植物、沉水植物、浮叶植物、浮游植物以及陆生的草本植被的生长状况和生活习性各不相同，在生态系统中占据着各自的生态位，在水质改善和生态修复中发挥的作用也不相同。许多学者开展了水生植物对水体污染的吸收、净化功能，目前应用较多的植物主要为美人蕉、香蒲、水葱、苦草、菹草、浮萍、水葫芦、芦苇、灯心草、水花生以及水生蔬菜等[22]。在植物的品种和数量选择上，一般应选择 4～6 种植物混种，以增加生态系统的容量，同时还应防止和控制外来物种对土著植物的生物入侵。近年来，植物的利用形式呈现多样化趋势，如水生植物滤床、植物浮岛、植物廊道、水生植物塘等相继被研究和应用[30,32]。水生植物之所以被学者广泛关注，是因为其在净化水质和改善生态系统的同时，也将获得一定的经济效益。

1.1.2.2 水体微生物修复

微生物修复技术就是通过选择、浓缩、驯化微生物并创造合适的降解条件去最大限度地消除污染物质[7,12,19]。微生物修复的基本原理很简单，其基础是自然界中微生物对污染物的生物代谢作用。大多数环境中都存在着天然微生物降解净化有毒有害有机污染物的过程，只是由于环境条件的限制，使得微生物自然净化速度很慢，难以实际推广应用。因此我们所说的微生物修复一般指的是在人为促进条件下的微生物修复，例如通过提供氧气、添加氮磷营养盐、接种经过驯化培养的高效微生物等来强化这一过程，迅速去除污染物质，这就是微生物修复的基本思想。与其他物理化学的修复方法相比，微生物修复技术具有如下优点[42]：

（1）污染物可以被完全从环境中去除；

（2）不产生二次污染，对周围环境影响小；

（3）原位修复可以使污染物在原地被清除，操作简便，修复技术资金需要量小；

（4）使人类直接暴露在污染物下的机会减少。

当然，微生物修复是一种科技含量较高的处理方法，其运作必须符合污染场地的特殊条件，微生物修复易受环境条件变化的影响，pH 值、温度以及其他环境因素等都将影响着微生物修复的进程，条件较为苛刻[11]。另外，并非所有进入环境的污染物都能被微生物利用。污染物的低生物有效性、难利用性及难降解性等常常使得微生物修复不能进行，特定的微生物只能吸收、利用、降解、转化特定类型的化学物质，状态稍有变化的化合物就可能不被同一种生物酶破坏[6]。

1.1.2.3　人工湿地修复

人工湿地是利用基质、植物和微生物相互关联，通过物理、化学、生物过程的协同作用，改善水质和生态修复的生态工程[1,2]。人工湿地的污染净化过程涉及物理、化学、生物等多方面综合作用。人工湿地对污染河水的净化主要有以下几个途径[13,19,45]：

（1）通过过滤和截留去除颗粒物；

（2）通过湿地介质的吸附、络合、离子交换等作用去除磷和重金属离子；

（3）通过湿地微生物作用，降解有机污染物，去除水中的氮；

（4）通过植物吸收去除水中的氮磷，富集重金属。

人工湿地净化河水的效能受湿地水流流态、水力负荷、种植植物类型和数量、温度、pH 值、填充介质类型、运行方式等因素的影响。人工湿地应用范围广泛，可用于处理生活污水和废水，也可用于水体的原位生态修复，均能有效改善污染水体水质。无锡市在饮用水源地太湖湖湾处开辟了面积达 $50hm^2$ 的水域，其中部分水域种植凤眼莲等水生植物，并投放了白鲢鱼、福寿鱼等，构成大片的人工湿地，有效地抑制了浮游藻类的生长及密度，叶绿素浓度比场外降低了40% ~90%，每年削减污染物相当于25t 氮、4t 磷[48~50]。

1.1.2.4　生态浮岛修复

人工浮岛由德国 BESTMAN 公司构思出来的。浮岛具有降解 COD、削减氮磷含量、创造景观效应，可以消波以保护河湖堤岸[16,17]。

人工浮岛作为净水单元正成为一个新的研究热点[17,62,63]。种植的植物有美人蕉、芦苇、荻、多花黑麦草、水稻、香根草、牛筋草、香蒲、菖蒲、石菖蒲、水浮莲、海芋、凤眼莲、土大黄、水芹菜、水雍菜、旱伞草、灯心草等[65]，栽培形式主要有浮框栽植、网框栽植、线栽、可降解生物栽培基质、泡沫板栽植及可参与式浮岛，栽培的形式直接影响到浮岛的运行效果。在河道和湖库中设置浮岛与河道等行洪、通航相互矛盾，从而限制了浮岛的应用[17]。

1.1.3 生态修复的局限性探讨

随着生态工程及相关学科的发展，湖库及河道受污染水体的生态修复已从单一的修复技术发展到多学科交叉的综合性控制技术[1]。由于受单一性修复技术的影响，目前的生态修复存在以下几个方面的不足：

（1）生态修复过程限制了水体的使用功能。在对河流实施生态修复或水质改善的工程措施时，在水体中增设人工载体或生物浮床等，影响水体的行洪，妨碍船只通行[17]。

（2）强调近期效果，忽视长期的修复。长期以来，原本健康的生态环境逐渐遭受破坏，并且日益退化。要使破坏了的生态系统恢复到没有人为干预的前期，需要相当长的时间过程，而且水体水质受到河流地形条件、水动力学条件以及水体内源、外源污染负荷的共同影响，因此仅强调水质恢复的治理措施只能起到治标不治本的结果。

（3）强调内源治理，淡化外源截污。目前，多数生态技术都过分强调内源本身的治理，而对外源治理投入不够。其实，内源的量变多是外源汇入的结果。生态清淤、投加微生物等虽然在一定程度上减轻了内源污染，但由于外源的不断汇入，治理效果往往会大打折扣。

因此，在现阶段湖、库污染的生态修复中，应更多地从外源治理入手，特别是面源污染严重的湖库[2,63]。但由于污染水体水文条件的不确定性，环境条件的复杂性，对水体实施生态修复工程技术时，可能对其结构和使用功能估计不足，从而导致水质改善效果和生态系统恢复不理想。因此，有必要探索对水体扰动小、效率高、适用范围广的新型生态修复技术，同时结合我国湖库自身特点，采用生态、物理化学等多种技术相结合的组合工艺，因时因地进行技术耦合和改进，为我国的湖库生态修复走出一条切实可行的路子。

1.1.4 前置库理论提出

前置库是指利用水库存在的从上游到下游的水质浓度变化梯度特点，根据水库形态，将水库分为一个或者若干个子库与主库相连，通过延长水力停留时间，促进水中泥沙及营养盐的沉降，同时利用子库中水生植物、藻类等进一步吸收、吸附、拦截营养盐及有机物，从而降低进入下一级子库或者主库水中的污染物量，抑制主库中藻类过度繁殖，减缓富营养化进程，改善湖泊水质[1,2]。

我们在充分调研的基础上，分析了现有主要生态修复技术存在的不足，提出以经典前置库为原型，在实验室研究基础上，辅以物理化学手段建立入滇池河道的前置库综合生态系统工程。

1.2　前置库技术概况

1.2.1　前置库净水的理论基础

　　前置库引入到环境工程后，概念并没有得到完全统一，国外存在 Artificial Lagoon、Pre-reservoir、Pre-dams 和 Pre-tank 等称呼[4~6]；国内翻译为前置塘、滞留塘、人工内湖、湖内湖和前置库等的均有，但译为前置库的居多[7~9]。Benndorf[12,13]教授对前置库进行了深入的研究，并且建立了除磷的计算模型。按照其观点，经典前置库示意见图 1-1。

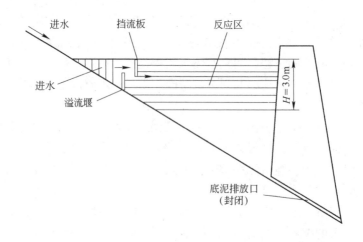

图 1-1　经典前置库示意图

　　在前置库中，河水首先进入初沉池，由于挡板和溢流板的作用，泥沙和颗粒物在初沉池内得以充分沉淀，然后进入主反应区，由于物理化学及生物的作用，氮磷、有机物等在主反应区内被加速去除。主反应区的有效深度一般都小于 3m，深度大于 3m 时微生物作用减弱，特别是磷的去除能力显著降低[17]。

　　前置库控制面源污染的原理可分为：沉淀理论、自然降解、微生物降解、水生植物吸收等[15,16,20]，其机理可以用图 1-2 表示。

1.2.1.1　沉淀理论

　　水体中的悬浮颗粒，都因重力和浮力两种力的作用而发生运动，重力大于浮力时，颗粒下沉。在创造一定沉淀空间和水力条件下，水体中固体颗粒污染物可较好的沉淀于某一主要区域。因此，合理的水力停留时间和池深是前置库设计的关键参数。Benndorf 和 Pütz[29]经过十多年的研究发现，前置库夏天滞水时间一般为 2d，春秋天为 4~8d，冬天为 20d。前置库中的沉降过程受沉积物和絮凝物质的影响，还与生物的组成有关，沉降速率较大的藻类（如硅藻）占优势，同时

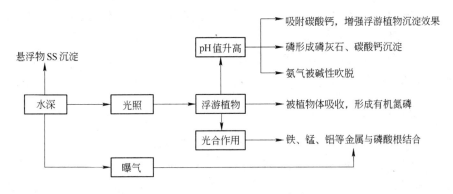

图1-2 前置库的净化机理[17]

避免滤食性浮游动物如水蚤的大量繁殖，防止浮游植物生物量的急骤下降和营养物质的再矿化，可极大地加速磷酸盐沉降去除。因此可以通过调控浮游植物的生物量来实现溶解性磷的沉淀。

1.2.1.2 自然降解理论

水中的部分污染物，在特定光照和水温等作用下，少部分可自行降解。一部分可通过气态的形式，散失到大气中，如氮氧化物形成氮气外逸。德国的Paul[15]教授研究发现，硝酸盐的去除率很低，主要是底泥中氮的反硝化，但是底泥的停留时间延长，也将导致磷的释放，因此合理的排泥或底泥疏浚周期是前置库设计中必须考虑的问题。

1.2.1.3 水生生物的吸收作用

可根据水深，依次栽培挺水植物、沉水浮叶植物、沉水植物和漂浮植物，并在前置库中建立人工浮岛。这些植物在生长繁殖中，能吸收大量的营养盐类及有机物并加以转化。同时，其庞大的根系可吸附颗粒固体污染物，成为微生物活动繁衍的场所，从而达到降解颗粒物、净化水质的目的[17]。另外，改变前置库内的生物组成，如以生长快的硅藻替代生长慢的兰绿藻和浮游动物，调整鱼类群落结构减少滤食性动物数量，也可以增强前置库对有机物质的去除能力[21]。

1.2.1.4 微生物的降解理论

前置库的底层存活着种类多样、数量庞大的微生物，可以通过微生物的生命活动和新陈代谢等，对水体中的污染物进行分解、吸收、利用。一部分污染物分解出气态物质可散发到空气中，如氧化的最终产物 CO_2[22,23]。

前置库去除污染物的能力与光照密切相关，因此水深就成了前置库设计的一个重要参数。适宜的水深能够使悬浮物得以充分沉淀，浮游植物和光合作用均较强烈，污染物的去除达到最大限度。但是设计深度太大将导致底部的光照减弱，影响微生物的作用。前置库水深超过3m，水中溶氧减少，出现缺氧甚至厌氧环境，最终导致底泥中的固态磷溶解重新释放到水中[10~12]。增加前置库中 pH 值形成偏碱性环境，使磷形成更多的钙盐，而氨也将形成氨气溢出[20]；溶解氧增加将提高水中氧化还原电位，促使铁锰等金属与磷酸根结合，从而最大限度地发挥前置库的作用[13,14]。

1.2.2　国外前置库研究进展

欧美国家早在 20 世纪 50 年代，就已开展前置库技术在面源污染治理中的应用研究。德国的学者 Klapper[25]于 1957 年、Beuschold[26]于 1966 年、Wilhelmus[27]于 1978 年和 Fischer[28]于 1980 年等相继报道了前置库去除水中营养物质的成果。随后丹麦的 Nyholm 于 1978 年，前捷克斯洛伐克的 Fiala 和 Vasata[25~33]于 1982 年，先后开展了前置库技术治理湖泊和水库富营养化应用研究，证实了上述科学家的观点。德国科学家 Benndorf 和 Pütz[12]对前置库技术系统研究后，于 1987 年提出了一系列的设计参数，并给出了水深和光照相互作用下的营养盐类去除机理。这种因地制宜的水环境治理措施，对控制面源污染，减少湖泊外源有机污染负荷，特别是对入湖地表径流中的 N、P 有很好的去除效果，对于含泥沙量大的河流拦截泥沙也起到至关重要的作用。Soyupak[33]采用二维和三维数值模拟的方法，推算了 Keban 水库富营养化的演替过程，这种采用溶解氧和叶绿素 a 作为磷浓度控制的指示方法，是行之有效的。Salvia[31]在位于卢森堡北部的 EschsurSûre 水库建成了 Misère 和 Bavigne 两个前置库，并进行了试验研究。前者容量为 500000m³，水面面积为 200000m²，平均水深为 2.5m；后者容量为 1669000m³，水面面积为 235000m³，平均水深 7.1m。二者采用不同的水力停留时间和不同的磷浓度负荷进行对比，较浅的前置库 Misère 对磷的年截留率为 60%，较深的前置库 Bavigne 对磷的截留率为 82%；二者对活性磷（SRP）的年截留率分别为 34% 和 54%。两个前置库不同的表现，主要是两水体不同的流场和流态造成的。夏季前置库的截留率最高，其中 Bavigne 对 SRP 的截留量达到 90% 以上。并对测量值和 Benndorf 模型计算值进行了对比，结果显示分层前置库 Bavigne 吻合性较好；而 Misère 的去除率吻合性一般，但是绝对去除量存在较大的差异。估计主要原因是浮游植物的组成的差别和夏季底泥中磷释放造成的。

Pütz 等人[12]研究认为前置库对正磷酸盐的去除受光、磷酸盐浓度和水温等因素影响，并且浮游植物是最重要的因素。Paul[20]在德国东南部的 Saidenbach 湖进行了长期的试验，先后发表了三篇关于前置库去除营养物的论文，表明磷去除主要依靠浮游植物，并且与水力停留时间关系密切。在保证最佳容积的情况下，全年对 SRP 去除率保持在 60%，但总磷去除率较低，因为有一部分颗粒磷随泥沙沉积在湖底，影响了去除效率。因此对前置库区定期清淤可以提高其净化效率[15,34,35]。

由于前置库具有良好的除磷功能，在国际上得到广泛应用，著名的 ZALA 河口 Balanton 水库就是杰出的实例。该水库面积 $100km^2$，1988 年建了 $20km^2$ 的前置库，利用藻类和大型水生植物除磷，效果明显，除磷效率达到 95%[10]。据 Benndorf J[13] 对 Saxony 地区的 11 个前置库的研究结果，前置库在水力停留时间 2 ~ 12d 情况下，对正磷酸盐的去除率可达34% ~ 64%，对 TP 去除率可达22% ~ 46%，且应用模型计算值和观测值基本吻合。对 Eibenstock 水库的 5 个前置库的研究表明，11 月至次年 4 月期间磷去除率约为 60%，5 ~ 10 月期间为 40%。日本霞浦湖上建有容积为 $30000m^3$ 的河口前置库，占地面积 $30000m^2$，设计流量 $6m^3/s$，水力停留时间 1.5h，水深 1.0m。Nalkamura[24] 对霞浦前置库在暴雨季节净化水体的性能进行了两年的监测（2000 ~ 2001 年），结果显示，暴雨期前置库对 SS、TN、TP 的去除率分别达到 60%、28% ~ 40%、34% ~ 56%；由底泥清淤计算出的 COD、TN、TP 的去除比例分别是 40%、18% 和 42%[24]。可以看出，底泥中氮的去除率较低，估计是底泥存在反硝化和颗粒氮含量较低两方面的原因导致。日本在川尻川、园部川等河川入湖口的前置库也取得了明显的污染物削减效果[36]。

Suresh[37] 等人独辟蹊径，对前置库拆除前后河流和湖泊的水质情况进行了对比研究，在美国 Koshkonong Creek 调查发现，2002 年秋河流中贝类生物量（蚌）为 $3.80 \pm 0.56m^2$，到 2003 年夏，由于前置库的拆除，贝类的生物量（蚌）减少至 $2.60 \pm 0.48m^2$，并出现一类物种消失现象，而泥沙含量从 16.8% 增加到 30.4%，总悬浮颗粒物成倍增加，可见前置库在水体净化中的重要作用。朝鲜的 Sang[38] 等人在 Sihwa 入湖口建成了两套前置库控制示范工程，分别为子坝和沟渠，并利用数学模型评估其对水质的影响，结果表明两者对水质有着不同的改良效果，子坝系统的出水可以达到灌溉的要求，而水渠出水可以达到娱乐用水的要求。Markoua[39] 研究也表明底泥厌氧可能导致严重的后果，在适宜条件下磷最大释放速率为 $80mg/(m^2 \cdot d)$，因此如何对前置库实现最优化设计，以达到除磷脱氮的双重目的是前置库设计的一个难题。

归纳起来，德国是开展前置库研究较多的国家之一，这与其主要以水库作为饮用水源有关。其具体建设工程见表 1-1。

1.2.3 国内前置库研究进展

前置库技术在我国面源污染控制中应用较晚，但由于前置库具有投资小和运行费用低、对水体净化效果好等优点，特别适合用于没有污水收集设施地区的面源污染控制。尤其近年来人工浮岛技术[40] 和湿地[41] 在面源污染控制方面的应用，为前置库的生态化设计提供了更加宽广的理论基础，因此前置库集成技术研究在我国越来越受到重视[42~44]。

表 1-1 国外开展的前置库工程及净化效果表

年代	国家	前置库名称	主库名称	容积/m³ 或面积/m²	平均深度/m	Mean HRT/%	去除效果/%			
							TP	SRP	TN	SS
1989~1990	卢森堡	Misère[31]	Esch-sur-Sure	500000	2.5	1.5	60	4		
1989~1990	卢森堡	Bavigne[31]	Esch-sur-Sure	1668000	7.1	44	82	54		
1999~2000	日本	人工内湖[36]	霞浦湖	30000	1.0		30~99		20~50	10~50
1991~1996	德国	Dittersbach[13]	Lichtenberg			2.0	34	45		
1991~1996	德国	Schonheide[13]	Eibenstock			3.0	25	40		
1991~1996	德国	Gottleuba[13]	Gottleuba			3.7	24	34		
1991~1996	德国	Lichtenberg[13]	Lichtenberg			4.5	30	44		
1991~1996	德国	Rohrbach[13]	Eibenstock			5.0	22	42		
1991~1996	德国	Forchheim[13]	Saidenbach			6.0	35	57		
1991~1996	德国	Rahmerbach[17]	Eibenstock			6.3	40	56		
1991~1996	德国	WeiSbach[13]	Eibenstock			7.0	42	60		
1991~1996	德国	Geidenbach[13]	Eibenstock			7.0	44	64		
1991~1996	朝鲜	Sihwa[38]	Sihwa			10.0	41	53		
2002~2005	朝鲜	Bobenneuk[13]	Droda			12.0	46	62		
1986~2000	德国	Haselbach[13]	Saidenbach	588400				60		
1986~2000	德国	Saidenbach[13]	Saidenbach	19200						
1986~2000	德国	Lippersdorfer[15]	Saidenbach	22050						
2005~2007	日本	琵琶湖[36]	琵琶湖	2700						

边金钟[45]在于桥水库富营养化治理中，首次在于桥水库库前区河道口构建一个面积近9km²，容积达2000万～2500万立方米的大型前置库，充分发挥其物理、生物、化学的综合作用，延长前置库区的水力滞留时间，降低流速，大量的泥沙及营养盐截留在前置库区，水质得到净化。从而使进入主库的营养盐含量大幅度降低，抑制主库中藻类的过度繁殖，起到减缓于桥水库富营养化的作用。作者还预测了前置库建成后泥沙沉降量可达每年15.6万吨，磷酸盐去除率可达到90%，较好地缓解了于桥水库富营养化的趋势。阎自申、杨文龙等人[46,47]研究了前置库在高原山区非点污染源污染控制中的应用，其中一处示范工程总投资为30万元，年处理暴雨径流量约40万立方米，去除泥沙约0.12万吨，去除总磷500kg，总氮1t，但研究深度略显不够。滇池面源污染控制规划中的前置库方案，每年可去除总磷15.1t，总氮1.6t，前置库可截留的氮、磷若采用昆明市第一污水处理厂设计工艺处理，需新建投资约1000万元的污水处理厂。相反，建设前置库不仅可以解决9000多亩农田灌溉问题，而且可为国家节约1000多万元建设污水处理厂的投资，每年还可节约相当于含160t纯氮的氮肥和含15t纯磷的磷肥。但规划至今还未付诸实际，这不能不说是一种遗憾。

张永春等[48]提出了平原河网地区面源污染控制的前置库生态工程的构想，结合生态河道构建技术、生物浮床技术、生物操纵技术、生态透水坝构建技术、调控技术等关键技术，开展了示范工程研究。工程实施后水质和景观得到明显改善，污染负荷得到削减，无降雨和小降雨输入期间，TN、TP、SS的平均去除率分别达到65.1%、45.3%、62.9%；强降雨时，降雨初期TN、TP、SS污染物去除率分别为70.5%、84.6%、90.9%。可见，前置库对于面源污染为主的河网地区的污染控制，特别是暴雨季节的径流净化效果明显。

徐祖信、张毅敏、田猛、朱铭捷等人[10,49～51]根据地理位置的不同、污染特点和水体特征，对前置库与其他净水技术的耦合进行了相关研究，如透水坝技术、生物强化技术、湿地技术和生态工程技术。并对前置合适的库容、最佳的水力停留时间及植物的布置进行了考察，为前置库技术在我国的推广做了前期的探索，与其他工程技术的结合势必为前置库技术的运用增加筹码。另外，袁冬海[52]采用固定化微生物——水生生物强化系统模拟试验的结果表明，复合微生物菌群表现出了良好的种群环境适应能力，高效微生物在局部水域形成微生物数量上的优势，这为在秋冬季低温水体中保持较高的去除效果提供了必要条件，并且固定化微生物扩散的高效微生物在下游水体的植物根区附着，可强化根际微生物的活性。暴雨模拟试验表明，出水TN、TP及COD去除率分别为45%、42.2%和50.8%。但新微生物引入是否会带来生物入侵，以及如何保证其在前置中长期、稳定运行，还有待于进一步验证。

1.2.4 前置库研究存在的问题

前置库技术具有运行费用低，可以多方受益、适合多种条件等优点，是目前防治湖库面源污染的有效手段之一。但国内外调研的结果发现，仍存在一些不足：

（1）对前置库研究的范围较窄，且具体课题研究中深度不足。国外多把研究重点放在除磷上，且只有 Benndorf 推算了磷去除的简单数学模型，其他学者只是对其进行简单的验证，没有更深入的研究。

（2）国内学者大多关注前置库技术的应用，而没有深入的机理研究，也没有建立相应的数学模型，示范工程设计都是探索性的，这对于指导生产实践还远远不够。

（3）在运行期间，前置库区不可避免出现水生植物季节交替问题。因此合理的植物搭配及保证寒冷季节净化效率是前置库发展的难题之一。

（4）前置库的净化功能与河流行洪功能往往矛盾，因此如何将二者高效、协调地结合也是学者必须解决的问题。

1.3 本技术领域国内外发展现状

高原湖泊治理——河塘库湿地集成治理技术，就是为了强化水体的"自净能力"，引入常规的水处理技术方法，通过实施一定的工程措施，有效改善水体水质。污染河流水质净化与生态修复单元技术种类繁多，其方法体系结构分为直接净化方式与旁路分离净化方式，而依据国内外文献报道，按照水处理技术净化原理，目前有关湖泊水净化方法可以分为物理法、化学法和生物或生态技术 3 大类。各种技术都具有不同技术、经济特点以及适用条件，在充分掌握并客观、系统地分析总结国内外的各种河道水净化技术的适用条件和经济性，开展入湖污染治理具有非常重要的指导意义。

1.3.1 河道原位旁路净化技术

1.3.1.1 河道原位净化技术

近二十年来，基于河流自净作用原理，国内外水处理工作者都在开发高效、低投资与低运行成本的水处理技术，而河流水净化技术在美、日、德、瑞士、韩国等都得到了广泛研究以及实际工程应用。目前，已经初步形成了河道水净化技术的方法体系。原位技术主要包括曝气法、投菌法、生物膜法和化学法等。河流曝气充氧技术作为一种投资少、见效快的河流污染治理技术在很多国家得到了应用。

有机污染严重的河流由于有机物分解耗氧，河流会变成缺氧或者无氧状态，此时河流水质恶化,自净能力下降,正常的水生生态系统遭到严重破坏。因此,向处于缺氧(或厌氧)状态的水体进行曝气复氧可以补充水体中过量消耗的溶解氧、增强水体的自净能力,改善水质。对于长期处于缺氧(或厌氧)黑臭状态的河流,要使其水生态系统恢复到正常状态一般需要一个长期的过程,水体曝气复氧有助于加快这个恢复过程。在适当的位置向河水进行人工曝气充氧,可以避免出现缺氧或无氧河段,增强河流自净能力。人工增氧在英国的泰晤士河、德国的 Berlin 河、北京的清河、上海的绥宁河和福州的白马支河、重庆桃花溪等都曾采用,并取得明显的效果。

根据河流的河道条件(水深、流速、河道断面形状等)、水质状况、地质条件和河段功能、污染源分布等特征,河道曝气复氧的措施,一般采用固定式充氧站和移动式充氧平台两种形式。固定式曝气有鼓风曝气和机械曝气两种形式。河流鼓风曝气的结构、设备类似于一般污水处理厂的鼓风曝气系统,适用于水深较大,需要长期曝气,且有航运功能或景观功能要求的河段。河流机械曝气则直接将曝气转轮或转刷固定安装在需曝气的河段上,适用于水深较浅,没有航运或景观要求的河流,主要针对短时间的冲击污染负荷。移动式曝气采用可以快速移动的曝气设备,如 FOXIN 多功能水质净化船。这种曝气方式的突出优点是可以根据曝气河段水质的变化和航运要求,灵活调整曝气强度和曝气位置,使曝气更经济、高效。德国在 Saar 河、英国在泰晤士河、澳大利亚在 Swan 河的治理中曾采用移动式曝气。此外,还可利用河流上已有的水坝、水闸等水利设施的跌水、泄流和人工水上娱乐设施进行增氧。如北京大学在承担深圳市沙头角河道水环境生态修复及综合治理方案中,就利用该河道具有较大高程落差的条件,沿着河流而下,通过多级筑堰、筑坝跌水自然充氧的方式。

河道生物接触氧化技术的净化机理与传统的生物接触氧化技术基本是一致的,只是河道生物接触氧化技术将河道整体看作一个反应器,通过一些技术改进,使得河道既具有经强化的污水处理功能又保持其原有的雨季泄洪等生态功能。目前国内已有一些研究者进行了相关的研究与应用。在河道中放置人工仿真水草、人工飘带等挂膜填料,再与河道曝气技术相结合,这样在整个河道形成了生物接触氧化工艺,即河道生物接触氧化。生物接触氧化技术是目前非常成熟的水质净化技术,国外在河流水质净化、水体修复中也有较多的研究和应用。传统的生物接触氧化技术能够较好地去除有机污染物、实现氨氮转化。

1.3.1.2 河道旁路净化技术

旁路技术是将河水引出河道水系,在河岸带上建设处理系统,将河水分流其中进行处理的旁位强化处理方法,如建于河岸上的生物滤床、生物接触氧化系统、氧化塘系统以及其他形式的生物反应器等。

生物滤床技术是在受污染河水净化应用上的新发展,该技术结合了生物膜的降解功能和填料的过滤作用，处理效率高，适用性较强，可采用水平渗流等水流方式，能够充分利用河流两边的护岸和河道滩地因地制宜进行构筑，适用于中小型受严重污染河流的强化治理。因考虑到在河道内对行洪的影响，大都是通过另外设置的旁路系统来实施。颗粒填料生物接触氧化技术目前可以应用于受污染河道水质净化，生物滤床技术主要有生态砾石滤床技术以及各种其他颗粒填料优化的生物接触氧化滤床技术。国外的砾石接触氧化法通过在河道内或河道易位的人工填充砾石，使河水与生物膜的接触面积提高数十倍以上，强化自然状态下的河流中的沉淀、吸附和氧化分解。受砾石接触氧化法的启发，沟渠内接触氧化法是在单一排水功能的河道内填充各种材质、形状和大小的接触材料，如卵石、木炭、沸石、废砖块、废陶、石灰石以及波板、纤维或塑料材质的填料等，提高生物膜面积，强化河流的自净作用，填料的选择要依据河流水质与工程选址的情况来确定。

日本于 20 世纪 80 年代中期开始在东京、京都的大城市河流（如多摩川、浅川、大栗川等），大量采用类似技术，规模约在数百吨到数十万吨/天，至今已有近二十年的历史。可将受污染河流原水 BOD5 从 10~40mg/L，降低为 10mg/L 以下；将河流原水 SS，从 10~80 mg/L 处理到 10mg/L 以下；当河流原水的氨氮为 2~10mg/L 范围时，其净化去除率可达 75% 左右。采用该技术取得了较稳定的水质和景观效果。在日本生态砾石接触氧化滤池技术被广泛应用于受污染的河道水的改善。如将受污染的桑纳川的河水引入一个生态砾石接触氧化滤池处理后，排入新川河。日本多摩川上也实施了生态砾石滤床工程，将受污染的河水经过该系统净化处理后，作为公园景观水环境的补水。生态砾石接触氧化滤床可以放置在地面下，其上还可以进行景观绿化等，即生态砾石滤床既具有净化功能又具有景观美化双重功能。

近年来对于严重污染的中小河道和支流的水质净化，颗粒填料的生物接触氧化技术成为一种优选的强化处理技术，其水平渗流的水流方式，方便系统沿着河岸和水流方向进行布置，能够充分利用河流两边的护岸和河道滩地，填料可以根据当地的特点，就地取材，并将多种天然及废置的材料（如各种矿石、陶瓷、砖等）组成复合填料。韩国对固定床式生物膜反应器进行改进，将水流方向由水平流改为垂直流，为反应器设计了污泥清除和反冲洗系统，并开展了对釜山天主教大学附近的一条小河的净化试验，反应器中的填料选用陶粒，处理效果较好，由于污泥及时被清除，同时系统定期进行反冲洗，很好地解决了填料易堵塞的问题，系统运行更加稳定。

自然的颗粒填料生物接触氧化法主要应用在有机污染不太严重的小型河流，过高的有机负荷可能使填料很快被脱落的生物膜堵塞，另外溶解氧的耗尽会使填充床处于缺氧或厌氧状态。一般增大填料粒径可以减缓堵塞，人工曝气可以强化生物降解效率。对污染负荷较高的河流，需要采用人工强化的颗粒填料生物接触氧化技术。填料是渗流式生物滤床的核心处理介质，其性能直接影响渗流式生物床过滤、吸附、生物降解等功能的发挥，同时它也是生物床基建投资的主要组成。

1.3.2 多塘系统净化技术

塘系统作为一种简单实用的污水处理技术，广泛用于生活污水、城市污水、农业生产弃水以及暴雨径流的处理。1901 年美国在得克萨斯州的圣安东尼奥市修建了第一个有记录的塘系。目前，欧美许多国家已在广泛应用塘系统控制面源污染。美国已建有 11000 座塘，德国 3000 座，法国 2000 座，加拿大有约 1000座污水处理塘。据研究表明，塘系统具有很好的去除 BOD、COD 及病原微生物的能力，且与传统的污水处理法相比具有基建、运行费用低和操作与维护简单等优点；瑞典从 1987 年开展了大规模的面源污染控制研究，结果表明人工水塘是单位面积上最有效的截留和去除氮磷的环境；美国环保局（EPA）建议滞留塘或池是控制降雨径流的有效方法，在控制过程中应该考虑降雨径流的可变性和间断性，即降雨强度、持续时间、降雨时间间隔等。

过去我国 20 多年中进行了多处生态塘的设计、建造和运行试验，如在黑龙江的齐齐哈尔市、安达市、山东胶州市、东营市和广东番禺市等，都取得了比较成功的效果。如齐齐哈尔氧化塘属于菌、藻、浮游动物、野生鱼类、水禽等组成的生态塘，其在 5 ~ 10 月期间，其 BOD5 和 SS 的去除率为 90% ~ 95%，COD 为80% ~ 87.5%，7 ~ 9 月出水的 BOD5 和 SS 均小于 10mg/L。东营生态塘虽然进水水质随季节变化较大，但出水基本维持稳定，除总磷外，BOD、COD、SS 全年可达到二级污水处理厂的一级指标，氨氮除个别月份，也可达标。

针对塘系统中存在的不足，从节约占地、提高效率上进行革新，使技术越来越成为一种实用高效的污水处理工艺。未来的塘处理技术具有正规化、高效化、系统化及生态化与资源化的特点。从生态学角度出发，走生态化和资源化相结合的路子。在塘系统的研究中，以菌、藻的活动为主体，以主要营养元素 C、N、P的迁移为线索，建立系统内各种生物、化学反应之间的联系，使塘处理技术有更大的发展。

1.3.3 河口前置库技术

前置库是指利用水库存在的从上游到下游的水质浓度变化梯度特点，根据水库形态，将水库分为一个或者若干个子库与主库相连，通过延长水力停留时间，促进水中泥沙及营养盐的沉降，同时利用子库中水生植物、藻类等进一步吸收、吸附、拦截营养盐及有机物，从而降低进入下一级子库或者主库水中的污染物量，抑制主库中藻类过度繁殖，减缓富营养化进程，改善湖泊水质。

欧美国家早在 20 世纪 50 年代，就已开展前置库技术在面源污染治理中的应用研究。德国的学者 Klapper 于 1957 年、Beuschold 于 1966 年、Wilhelmus 于 1978 年和 Fischer 于 1980 年等相继报道了前置库去除水中营养物质的成果。随后丹麦的 Nyholm 于 1978 年，前捷克斯洛伐克的 Fiala 和 Vasata 于 1982 年，先后开展了前置库技术治理湖泊和水库富营养化应用研究，证实了上述科学家的观点。德国科学家 Benndorf 和 Pütz 对前置库技术系统研究后，于 1987 年提出了一系列的设计参数，并给出了水深和光照相互作用下的营养盐类去除机理。这种因地制宜的水环境治理措施，对控制面源污染，减少湖泊外源有机污染负荷，特别是对入湖地表径流中的 N、P 有很好的去除效果，对于含泥沙量大的河流拦截泥沙也起到至关重要的作用。Soyupak 采用二维和三维数值模拟的方法，推算了 Keban 水库富营养化的演替过程，这种采用溶解氧和叶绿素 a 作为磷浓度控制的指示方法，是行之有效的。Salvia 在位于卢森堡北部的 Eschsursûre 水库建成了 Misère 和 Bavigne 两个前置库，并进行了试验研究。前者容量为 500000m³，水面面积为 200000m²，平均水深为 2.5m；后者容量为 1669000m³，水面面积为 235000m³，平均水深 7.1m。两者采用不同的水力停留时间和不同的磷浓度负荷进行对比，较浅的前置库 Misère 对磷的年截留率为 60%，较深的前置库 Bavigne 对磷的截留率为 82%；两者对活性磷（SRP）的年截留率分别为 34% 和 54%。两个前置库不同的表现，主要是两水体不同的流场和流态造成的。夏季前置库的截留率最高，其中 Bavigne 对 SRP 的截留量达到 90% 以上。并对测量值和 Benndorf 模型计算值进行了对比，结果显示分层前置库 Bavigne 吻合性较好；而 Misère 的去除率吻合性一般，但是绝对去除量存在较大的差异。估计主要原因是浮游植物的组成的差别和夏季底泥中磷释放造成的。

前置库技术在我国面源污染控制中应用较晚，但由于前置库具有投资小和运行费用低、对水体净化效果好等优点，特别适合于没有污水收集设施地区的面源污染控制。尤其近年来人工浮岛技术和湿地在面源污染控制方面的应用，为前置库的生态化设计提供了更加宽广的理论基础，因此前置库集成技术研究在我国越来越受到重视。总体看来，前置库在水污染治理中的基础研究还较为薄弱，且研究范围不宽，深度不够。国外对除磷机理方面有所探讨，也仅仅做出了粗略的数学模型，并有少数学者对其进行简单的验证，没有更深入细致的研究成果。在我国对前置库的研究更加不够系统，仅从辅助工程方面做过少量工作，没有做过详细的机理模型方面的探索，并对示范工程中的数据进行归纳，这对于前置库技术的发展还远远不够。该成果对前置库理论进行了完善，提出了前置库流程模型和水质净化模型，为前置库的推广应用提供了理论支撑。模型中重点考虑了前置库的调蓄、沉淀和物理生物净化等作用。

1.3.4 河口湿地净化技术

湿地是地球三大生态系统之一，是重要的生存环境和自然界最富有生物多样性的生态景观之一。湿地主要分为自然湿地和人工湿地。自然湿地是一种处于水域和陆地交汇处的独特生态系统。它不仅是许多野生动植物生长繁殖的场所，而且还具有抵御洪水、涵养水分、调节径流、改善气候、净化污水、美化环境和维护区域生态平衡等功能，是其他系统所不能替代的。

国外人工湿地系统的研究始于 20 世纪 50 年代，而应用始于 20 世纪 70 年代初期，1953 年，德国的 Kathe Seidel 在其研究工作中发现芦苇能去除大量有机和无机物，Seidel 通过进一步实验发现一些污水中细菌在通过种植的芦苇时消失（大肠菌、肠球菌、沙门氏菌），实验表明芦苇及其他高大植物能从水中去除重金属和碳水化合物。进入 60 年代，实验室观察开始发展为许多大规模实验，用以处理工业废水、江河水、地面径流和生活污水，并由 Seidel 开发出一种"Max-planckinstitute- Process"系统，该系统由四级或五级组成，每级由几个并联并栽有挺水植物的池子组成，但该系统存在堵塞和积水问题。根据 Seidel 的思路，荷兰于 1967 年还开发了一种现称为 Lelysttad Process 的大规模处理系统，该系统是一个占地 1hm^2 的星形自由水面流湿地，水深 0.4m，由于运行需要，该系统后建有 400m 长浅沟，随后这种湿地在荷兰大量建成。Seidel 的工作也刺激了德国在这方面的研究，60 年代中期，Seidel 与 Kickuth 合作并由 Kickuth 开发了"根区法"（RZM），推动了对人工湿地污水处理的试验研究。欧洲的早期工作对美国人工湿地技术产生了影响，60 年代末，美国 NASA 的国家空间技术实验室研究开发了一种"采用厌氧微生物和芦苇处理污水的复合系统"，1976 年美国 NASA 出版了一本题为"充分利用水生植物"的书，其中描述了欧洲系统及早期 NASA 系统，NASA 的砾石床系统在去除 BOD、SS、大肠菌及氮方面非常有效。20 世纪 80、90 年代湿地技术在欧洲、美国等地得到了广泛的应用。据统计，美国在 1988 ~ 1993 年间，建立了 600 多个人工湿地工程用于处理市政、工业和农业废水；在丹麦、德国、英国各国至少有 200 个人工湿地（主要为地下潜流湿地）系统在运行，仅丹麦就建立了 30 多个人工湿地污水处理厂，英国 Sesern Trene 水公司的人工湿地污水处理厂从 80 年代末的 3 处迅速发展为现在的 100 余个；新西兰皇家科学院水和大气研究所对新西兰人工湿地进行了广泛的调查研究，结果表明，自 20 世纪 90 年代以来，人工湿地的使用趋于增长，目前新西兰大约有 80 个人工湿地系统在使用；北美 2/3 的湿地是自由表面流湿地，其中一半是自然湿地（1 ~ 1000hm^2），其余为人工自由表面流湿地（通常比较小，60% 小于 10hm^2）；在欧洲应用较多的则是地下潜流系统，特别是在一些东欧国家应用较广泛，在系统中种植有芦苇、菖蒲、香蒲等湿地植物，为保证潜流，绝大多数系统还采用砾石作为填料,此类系统趋向于对近 1000 人口当量的乡村级社区进行二级处理;在澳大利亚和南非则用于处理各类废水。早期的人工湿地主要用来处理生活污水,最小的仅为一家一户服务,大的可以处理千人以上的村镇排放的污水,其投资和日常运行费用仅为常规二级污水处理场的 1/10 ~ 1/2 和 1/5 ~ 1/3,但其出水水质可达到或超过二级污水处理水平,而且适用面广,很快便被推广应用到各种污水的治理,如农业污水、畜牧业污水、食品污水、矿山污水等,美国、德国等的一些技术人员还将其推广应用于处理小城镇、行政事业单位和垃圾场渗出液。近 10 年来,一些研究开始涉及人工湿地处理工业废水,并认为人工湿地独特而复杂的净化机理使其能够在含重金属工业废水和难降解有机物废水的处理中发挥重要作用,这方面的研究主要集中在处理矿山酸性废水、淀粉工业废水、制糖工业废水、褐煤热解废水、炼油废水、油砂废水、油田废水、油田采出水、造纸废水、食品加工和奶制品加工废水。

目前,随着人们对城市生态环境意识的逐步提高,世界许多城市都把发展和利用具有地方特色的湿地树种作为展示自己形象的重要手段。通过科学的湿地树种的选择,以及利用先进技术,快速繁育高品质的绿化苗木,走科研、生产紧密结合的道路,是湿地生态工程建设的发展方向。加快湿生乡土绿化树种种质资源的收集,采用新技术和新方法,有针对性地开发和引进优良的湿生乡土树种和外来树种,发展多树种、多层次、多结构、多色彩、多功能、多效益的生态景观,是湿地树种选择、培育发展的主要趋势。

1.4　本技术发展趋势

低污染河道水净化、多塘净化技术、河口湿地净化和稳定技术及河口前置库技术各有所长,但在面源污染治理中,治理技术受到环境条件及受污水体自身污染程度的限制,往往是某种单一技术难以满足治理的需求。因此,运用组合生态净化技术对湖泊面源污染的治理就显得尤为重要。组合技术不仅有单种技术的组合(如多塘组合技术、多级湿地组合技术),还有在塘、湿地、河道水体修复及前置库技术的基础上,利用以上两种或两种以上技术的组合。

塘-湿地组合净化技术是目前国内外应用比较广泛的一种组合生态净化技术,具有投资和运行成本低、去除效率高、操作简单、维护方便、生物适应性强以及景观价值高等优点。在塘-湿地组合净化技术中,塘通常作为预处理装置,主要包括厌氧塘、滞留塘、强化塘和稳定塘等。严炜等以武汉市桃花岛塘和人工湿地组合生态处理系统为研究对象探讨了该系统处理城市地表径流的初期调试运行。结果表明:塘和人工湿地组合生态系统可以有效地处理城市地表径流,该生态系统对各污染物的去除率分别为 COD 为 75.4% ~ 79.1%,TP 为 81.8% ~ 84.3%,TN 为 64.9% ~ 69.8%,SS 为 93.8% ~ 94.7%,其中人工湿地对进水中污染物

COD_{Cr}、TP、TN、SS 的去除率分别为 60.7% ~ 64.8%、73.4% ~ 75.6%、43.2% ~ 48.4%、60.3% ~ 66.4%。汪俊三以"星云湖富营养化水→一级水生物塘→一级植物碎石床→二级水生强化塘→二级植物碎石床→植物渗滤床→出水"为工艺处理流程处理星云湖富营养化水,在 $1m^3/(m^2 \cdot d)$ 高水力负荷下各种污染物的去除率还是比较高,特别对蓝藻、叶绿素 a、非离子氨去除率分别为 99.87%、98.45%、93.33%,TP 也达到 71.42%。

本书在国内首次对前置库削减污染物的流场进行模拟,建立了综合水质模型,完善了前置库的理论内涵,并探索了前置库内氮、磷去除的相关性,通过总磷削减量估算氮的去除率,有效提高试验中数据处理效率。前置库与相关技术如湿地技术、河道原位及旁路净化技术的集成技术,将是今后湖泊污染治理的发展方向之一。因此,充分利用河道、塘、库、湖滩地等,构建河道的旁路净化与原位净化、前置库调蓄沉淀功能、多塘系统沉淀、净化和生态稳定特征及多级耦合型湿地的优化集成技术,长期有效处置面源污染是当前高原湖泊水质可持续发展的重要途径。同时,关于河塘库的社区管理模式的应用,将有助于河塘库湿地集成技术的工程应用长期有效运行,对于高原湖泊的污染治理有重要且现实的指导意义。

1.5 写作的目的意义

由文献综述可知,前置库技术应用于环境保护及污染治理工作中,已经有成功的案例。各国学者对前置库的物理、化学、生物学特性进行了一系列的研究,并取得了一定的研究成果:如前置库合适的深度受光照、地理纬度、动植物种类、水生及湿生微生物的影响。随着各学科交叉技术的引入,生态治理和修复河道的思想已经深入人心。同时,前置库作为各项技术集成后的成果,其本质特征具有开放性,可吸收多学科的技术精髓,使其本身更趋于成熟。以往的治理思路多放在截污及点源污染控制上,而忽视了对面源污染(包含入湖进库的河流)的控制。同时应该看到,河湖等地表水体水质污染状况仍然呈现恶化的趋势,湖泊的富营养化趋势并没有得到根本遏制。

在我国部分地区也开展了前置库示范工程建设,但很少见到具体的设计参数。也就是说,我国更注重工程本身的建设而忽视了前置库设计参数的总结,有关前置库去除污染物机理研究的报道较少。因此,有必要对前置库去除污染物的效果、生态修复水平以及作用机理进行更系统、更深入的研究。

本书针对滇池入湖河道污染的具体情况,从前置库植物的选择、实验室小试、现场工程示范三个层面对前置库改善水质效果、污染物去除机理、水体净化效果强化技术及数值模拟等方面进行阐述,对改善入滇池河流的水质、改善滇池水质、提升滇池旅游景区的形象有着重要的现实意义。

1.6　研究的主要内容

本书在流域内污染源调查、本地植物种类调研的基础上，开展净化型水生及湿生植物的选择，选择入滇池河流东大河进行工程示范，进一步研究前置库的净水效果及对水质、流场进行模拟。对试验结果进行归纳总结，最终形成入湖河流生态净化的整套技术。

1.6.1　实验室小试及植物选择

通过静态栽培植物及建立微缩的前置库比例模型，研究各个单元的净化作用并考察强化效果的途径。

（1）对滇池流域已有的本地湿生植物进行调研，从中选择适合前置库削减氮磷营养盐的植物类型；

（2）对初步筛选的植物进行静态培养，确立各植物生物量大小与氮磷及有机物去除效果的关系，并选择适合浮岛栽培和不同水深生长的植物；

（3）设计生态防护墙，探索降低滇池水体对前置库的冲击方法，并强化净水效果；

（4）阐述工程示范区东大河内泥沙和吸附剂对氮磷吸附效果及影响因素。

1.6.2　示范工程及效果强化研究

根据前面的试验结果及参数，在进入滇池的东大河河口进行示范工程建设，设置的前置库占地面积 $64380m^2$，种植人工浮岛 80 组。由于昆明地区四季不分明、雨季较集中的特征，现场试验主要分为旱季及雨季两种情况进行研究：

（1）对前置库全年（包括旱季、雨季）去除氮、磷、COD、SS 进行跟踪研究，并推算示范工程的污染物削减量；

（2）一次暴雨过程（对整个雨季进行跟踪，并着重监测和模拟一次暴雨过程）前置库流场的变化情况，并采用数值模拟与实测结果比较，研究流场与污染物去除效果的关系；

（3）前置库净化污染物的机理和途径，探索前置库净化污染物的综合水质模型，进行动力学模拟和现场验证，评价模型的实用性；

（4）对前置库示范工程投加稀土吸附剂的锁磷效果及技术经济性进行分析，分析稀土吸附剂大规模应用的可行性；

（5）监测前置库区的 AOC、BDOC 的去除效果，分析前置库区的生物稳定性，探讨前置库区有机物分子量分布特点，分析前置库对不同分子量有机物的去除效果；

（6）跟踪分析前置库内浮游植物、浮游动物和底栖动物的种群变化，并评价前置库的生态安全性，为前置库技术的推广提供生态学依据。

1.7 技术路线

首先调查进入滇池的主要河流的污染情况及污染物类型、污染物来源等，选择一条以农村面源污染为主的河流，在进入滇池前设置前置库示范工程，并与人工浮岛技术和物理化学技术（添加吸附剂）进行耦合，形成一套新的集成技术。从植物选配、实验室小试和现场试验三个层面构建其可能的理论框架和技术参数。

在选定的河道内建立前置库面源污染控制的生态系统，主要包括生物净化部分、沉淀部分、深水浮岛部分、投加吸附剂和生态防护墙等内容。分析前置库适宜的水深、溶氧和 ORP 等，考察投加稀土吸附剂的可行性，进行植物的筛选和引种，对前置库的净水机理进行分析，并进行现场流场动力学模拟和水质模拟，建立入湖河流生态净化的复合前置库生态系统一整套技术。具体实施的具体路线见图 1-3。

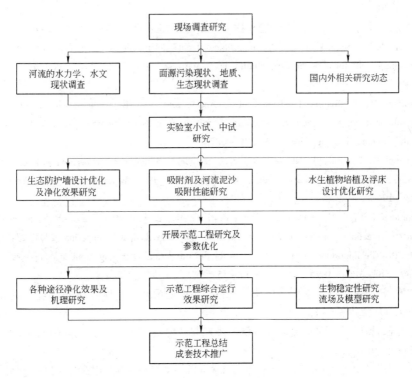

图 1-3　实验方案的技术路线图

1.8 本书主要创新点

本书从植物的选择、实验室小试一直做到工程示范阶段，其研究成果为前置库技术控制河流、湖库的面源污染提供了理论依据和技术支撑。归纳创新点为：

（1）设计了生态防护墙（已申请专利）并应用到高原前置库削减污染物的示范工程上。在前置库示范工程中，首次较为全面地研究了污染物削减、生物稳定性、生态措施强化、水质流场模拟等内容。

（2）在国内首次对前置库削减污染物的流场进行模拟，建立了综合水质模型，完善了前置库的理论内涵，并探索了前置库内氮、磷去除的相关性，通过总磷削减量估算氮的去除率，有效提高试验中数据处理效率。

（3）首次将具有锁磷效果的稀土吸附剂，大规模应用于前置库工程示范中。对前置库污染物削减量、设计参数进行了探讨，并对稀土吸附剂的应用进行了技术经济分析，取得了预期效果。

参考文献

[1] 金相灿，刘鸿亮，屠清瑛，等. 中国湖泊富营养化［M］. 北京：中国环境科学出版社，1990.

[2] 金相灿. 湖泊富营养化控制与管理技术［M］. 北京：化学工业出版社，2001.

[3] Havens K E, Schelske C L. The importance of considering biological process when setting total maximum loads for phosphorus in shallow lakes and reservoirs［J］. Env. Pollution, 2001, 113: 1~9.

[4] Armengol J, F Sabater, J L Riera, et al. Annual and longitudinal changes in the environmental conditions in three consecutive reservoirs of the Guadiana River (Spain)［J］. Arch. Hydrobiol. Beih. Ergebn. Limnol. 1990, 33: 679~687.

[5] Kimmel B, T Lind, J Paulson. Reservoir primary production in Thornton, Kimmel & Payne (eds), Reservoir Limnology: Ecological Perspectives［J］. Wiley & Sons, New York, 1990, 133~194.

[6] Omran E Frihya, Ali N Hassanb, Walid R El Sayeda, et al. A review of methods for constructing coastal recreational facilities in Egypt (Red Sea)［J］. Ecological Engineering, 2006, 27: 1~12.

[7] Pütz K. The importance of pre-reservoirs for the water quality management of reservoirs［J］. J Water SRT-Aqua, 1995, 44 (1): 50~55.

[8] 王刚，郭柏权. 于桥水库水体状况分析与污染防治对策［J］. 城市环境与城市生态，1999, 12 (2): 27~28.

[9] 杨文龙，杨树华. 滇池流域非点源污染控制区划研究［J］. 云南环境科学，1996, 15 (3): 3~7.

[10] 张毅敏，张永春. 前置库技术在太湖流域面源污染控制中的应用探讨［J］. 环境污染与防治，2003, 12 (6): 342~344.

[11] 杨京平，卢剑波. 生态修复工程技术［M］. 北京：化学工业出版社，2002.

[12] Klaus Pütz, Jürgen Benndorf. The importance of pre-reservoirs for the control of eutrophication of reservoirs［J］. Wat. Sc. Tech. 1998, 37 (2): 317~324.

[13] Benndorf J, Pütz K. Control of eutrophication of lakes and reservoirs by means of pre-reservoirs.

I. Mode of operation and calculation of the nutrient elimination capacity ［J］. Wat. Res. , 1987, 21: 829~838.

［14］ Benndorf J, Pütz K. Control of eutrophication of lakes and reservoirs by means of pre-reservoirs. Ⅱ. Validation of the phosphate removal model and size optimization ［J］. Wat. Res. , 1987, 21: 839~847.

［15］ L Paul. Nutrient elimination in pre-reservoirs of long term studies ［J］. Hydrobiologia, 2003, 504: 289~295.

［16］ Julia A C, Laura G. Temporary floating island formation maintains wetland plant species richness: The role of the seed bank ［J］. Aquatic Botany, 2006, 85: 29~36.

［17］ 丁则平. 日本湿地净化技术人工浮岛介绍 ［J］. 海河水利, 2007 (2): 63~65.

［18］ B A Bohn, J L Kershner. Establishing aquatic restoration priorities using a watershed approach ［J］. Journal of Environmental Management, 2002, 64: 355~363.

［19］ 尹澄清, 毛战坡. 用生态工程技术控制农村非点源水污染 ［J］. 应用生态学报, 2002, 13 (2): 229~232.

［20］ Uwe K, Hendrik D, Robert J R, et al. The roach population in the hypertrophic bautzen reservoir: structure, diet and impact on Daphnia galeata ［J］. Limnologica, 2001, 31: 61~68.

［21］ Vera I, László S. Factors influencing lake recovery from eutrophication-The case of basin 1 of lake balaton ［J］. Wat. Res. 2001, 35 (3): 729~735.

［22］ Kim Jones, Emile Hanna. Design and implementation of an ecological engineering approach to coastal restoration at Loyola Beach, Kleberg County, Texas ［J］. Ecological Engineering, 2004, 22: 249~261.

［23］ Siegfried L Krauss, Tian Hua He. Rapid genetic identification of local provenance seed collection zones for ecological restoration and biodiversity conservation ［J］. Journal for Nature Conservation, 2006, 14: 190~199.

［24］ Nalkamura K, Morikawa T, Y Shimatani. Pollutants control by the artificial lagoon, Environment System Research ［J］, JSCE. 2000, 28: 115~123.

［25］ Klapper H. Biologische untersuchungen an den einlaufen undvorbeckend ers aidenbach talsperre ［J］. Wiss. Zeitschr. Karl-Marx-Univ. Leipzig, Math. -Nat. Reihe, 1957, 7: 11~47.

［26］ Beuschold E. Entwicklungszendenzen der wasserbeschafenheit in den ostharztalsperren ［J］. Wiss Zeitschr Karl-Marx-Univ. Leipzig Math-Nat Reihe, 1966, 15: 853~869.

［27］ Wilhelmus B, Bemhardt H, Neumann D. Vergleichende untersuchungen über die phosphor-eliminierung von vorsperren DV ［J］. GW-Schriftenreihe Wasser Nr. 1978, 16: 140~176.

［28］ Fiala L, Vasata P. Phosphorus reduction in a man-made lake by means of a small reservoir in the inflow ［J］. Arch. Hydrobiol, 1982, 94: 24~37.

［29］ Benndorf J, Pütz K, Krinitz H, et al. Die function der vorsperren zum schutz der talsperren vor eutrophierung ［J］. Wasserwirtschaft Wassertechnik, 1975, 25: 19~25.

［30］ Nyholm N, Sorensen P E, Olrik K, et al. Restoration of lake nakskov indrefjord denmark, using algal ponds to remove nutrients from inflowing river water ［J］. Prog. Wat. Technol. , 1978, 10: 881~892.

［31］ Uhlmann D, Benndorf J. The use of primary reservoirs to control eutrophication caused by nutrient inflows from non- point sources: Land use impact on lake and reservoir ecosystems proceedings of a regional workshop on MAB Project 5 ［C］. Warsaw Facultas Wien, 1980, 152 ~ 188.

［32］ M Salvia, Castellvi. Control of the eutrophication of the reservoir of Esch-sur-Sûre (Luxembourg): evaluation of the phosphorus removal by predams ［J］. Hydrobiologia, 2001, 459: 61 ~ 71.

［33］ S Soyupak, L Mukhallalati, D Yemisen. Evaluation of eutrophication control strategies for the Keban Dam reservoir ［J］. Ecological Modelling, 1997 (97): 99 ~ 110.

［34］ Paul L, Schrüter K, Labahn J. Phosphorus elimination by longitudinal subdivision of reservoirs and lakes ［J］. Wat. Sci. Tech.. 1998, 37 (2): 235 ~ 243.

［35］ Paul L. Nutrient elimination in pre- reservoirs: Results of long term studies ［J］. Hydrobiologia. 2003, 504: 289 ~ 295.

［36］ 中村圭吾, 森川敏成, 島谷幸宏. 河口に設置した人工内湖による汚濁負荷制御. 琵琶湖研究所所報 ［J］, 2002, 3: 44 ~ 47.

［37］ Suresh A Sethi, Andrew R Selle. Response of unionid mussels to dam removal in Koshkonong Creek, Wisconsin (USA) ［J］. Hydrobiologia. 2004, 525: 157 ~ 165.

［38］ Sang L, Byeong C K, Hae J. Evaluation of Lake Modification Alternatives for Lake Sihwa, Korea ［J］. Environmental Management, 2002, 29 (1): 57 ~ 66.

［39］ Dimitrios A Markoua, Georgios K Sylaiosa, Vassilios A. Tsihrintzisa. Water quality of Vistonis Lagoon, Northern Greece: seasonal variation and impact of bottom sediments ［J］. Desalination, 2007, 210: 83 ~ 97.

［40］ M Li, Y J Wu, Z L Yu, et al. Nitrogen removal from eutrophic water by floating-bedgrown water spinach (Ipomoea aquatica Forsk.) with ion implantation ［J］. Wat. Res., 2007, 41: 3152 ~ 3158.

［41］ D A Kovacic, R M Twait, M P Wallace, et al. Use of created wetlands to improve water quality in the Midwest-lake Bloomington case study ［J］. Ecological Engineering, 2006, 28: 258 ~ 270.

［42］ Jin Xiangcan, Wang Li, He Liping. Lake Dianchi: Experience and lessons learned brief ［EB/OL］. www. ilec. or. jp/eg/lbmi/reports/11_ Lake_ Dianchi_ 27February2006. pdf.

［43］ 彭文启, 周怀东. 入库河流水质改善与对策 ［C］. 中国水利学会会议论文集, 2002, 36 ~ 41.

［44］ 叶春, 金相灿, 王临清, 等. 洱海湖滨带生态修复设计原则与工程模式 ［J］. 中国环境科学, 2004, 24 (6): 717 ~ 721.

［45］ 边金钟, 王建华, 王洪起, 等. 于桥水库富营养化防治前置库对策可行性研究 ［J］. 城市环境与城市生态, 1994, 7 (3): 5 ~ 9.

［46］ Bondur V G, Zhurbas V M, Grebenuk Y V. Modeling and Experimental Research of Turbulent Jet Propagation in the Stratified Environment of Coastal Water Areas ［J］. OCEANOLOGY, 2009, 49 (5): 595 ~ 606.

［47］ 杨文龙, 杜娟. 前置库在滇池非点污染源控制中的应用研究 ［J］. 云南环境科学, 1996, 12 (4): 8 ~ 10.

[48] 张永春,张毅敏,胡孟春,等. 平原河网地区面源污染控制的前置库技术研究 [J]. 中国水利, 2006, 17: 15~18.

[49] 徐祖信,叶建锋. 前置库技术在水库水源地面源污染控制中的应用 [J]. 长江流域资源与环境, 2005, 14 (6): 792~795.

[50] 田猛,张永春. 用于控制太湖流域农村面源污染的透水坝技术试验研究 [J]. 环境科学学报, 2006, 26 (10): 1665~1670.

[51] 朱铭捷,胡洪营,何苗,等. 河道滞留塘对河水中有机物的去除特性 [J]. 中国给水排水, 2009, 22 (3): 58~64.

[52] 袁冬海,席北斗,魏自民,等. 微生物-水生生物强化系统模拟处理富营养化水体的研究 [J]. 农业环境科学学报, 2007, 26 (1): 19~23.

[53] 张奇. 人工湖滨湿地磷素汇-源功能转换及理论解释 [J]. 湖泊科学, 2007, 19 (1): 46~51.

[54] 高吉喜,叶春,杜娟,等. 水生植物对面源污水净化效率研究 [J]. 中国环境科学, 1997, 17 (3): 247~251.

[55] 邓辅唐,孙佩石,邓辅商,等. 人工湿地净化滇池入湖河道污水的示范工程研究 [J]. 环境工程, 2005, 23 (3): 29~31.

[56] 李荫玺,胡耀辉,王云华,等. 云南星云湖大街河口湖滨湿地修复及净化效果 [J]. 湖泊科学, 2007, 19 (3): 283~288.

[57] A D Karathanasis, C L Potter, M S Coyne. Vegetation effects on fecal bacteria, BOD, and suspended solid removal in constructed wetlands treating domestic wastewater [J]. Eco. Eng., 2003, 20: 157~169.

[59] Kerstin R, Isolde R, Dietrich U. Characterization of the bacterial population and chemistry in the bottom sediment of a laterally subdivided drinking water reservoir system [J]. Limnologica, 2008, 38 (22): 367~377.

[60] Hong Y M. Numerical simulation of laboratory experiments in detention pond routing with long rainfall duration [J]. International Journal of Sediment Research, 2008, 23 (3): 233~248.

[61] Antonina T, Pascal M, Catherine B, et al. Impact of design and operation variables on the performance of vertical-flow constructed wetlands and intermittent sand filters treating pond effluent [J]. Water Research, 2009, 43 (7): 1851~1858.

[62] C M Hung. Catalytic Wet Oxidation of Ammonia Solution: Activity of the Copper-Lanthanum-Cerium Composite Catalyst [J]. Journal of Environment Engineering, 2009, 25 (5): 234~239.

[63] Wiatkow M. Hydrochemical Conditions for Location of Small Water Reservoirs on the Example of Kluczbork Reservoir [J]. Archives of Environmental Protection, 2009, 35 (4): 129~144.

[64] 周生贤. 让江河湖泊休养生息——在第十三届世界湖泊大会开幕式上的发言. 第十三届世界湖泊大会论文集 [C], 2009, 1~2.

2 理论研究内容

本章系统地介绍了试验手段及方法。主要试验内容包括水生植物筛选、浮床设计、生态防护墙设计、稀土吸附剂制备、泥沙吸附试验准备等，同时对各种分析手段及步骤进行了阐述，并对后续示范工程的工作量进行了安排。

2.1 试验内容安排

2.1.1 水生植物选择及净化效果

在植物选种试验时，主要选择云南本地种且具有较强除污能力的水生及湿生植物，同时要有针对性地选择植物，特别选择学者研究较多的植物类型。在选种时综合考虑挺水植物、沉水植物及漂浮植物各占一定的比例。挺水植物主要选择茭草、芦苇、菖蒲、灯心草和美人蕉等；沉水植物主要选择狐尾藻、红线草、菹草、苦草、水花生等；低矮植物主要选择李氏禾、水芹菜、凤眼莲、水葱等。

首先对选择的这些植物进行静态培养，分析各种植物的最大净化效率及生物量生产情况；对优势植物进行浮床栽培，浮床栽培在现场的静风区内进行。

2.1.2 浮床的设计及植物栽培

人工浮岛的作用类似水体中的植物带，可以通过植物的生长直接将水体中的营养物输出，此外通过植物根系形成一个生物膜，通过其中微生物的分解和合成代谢作用，能有效地去除污水中有机污染物和营养物质。人工浮岛的主要功能可以归纳为 5 方面：水质净化、创造生物（鸟类、鱼类）的生息空间、改善景观、消波效果对岸边构成保护作用、有利于湖滨带生物多样性的提高[1~4]。

（1）低矮类植物浮床：在目标水域用毛竹或水竹（尾径约 6 ~ 10cm）制成长×宽为(4 ~ 8) m ×(2 ~ 3) m 的框架，其底部用网绳粗细小于 3mm，网眼尺寸 4cm ×4cm，深度约为 0.10 m 的聚乙烯网兜住的围栏形成植物载体。

（2）高大挺水植物浮床：在目标水域用毛竹或水竹（尾径约 6 ~ 10cm）制成长×宽为(4 ~ 6) m ×(2 ~ 4) m 框架，其底部用网绳粗细小于 3mm，网眼尺寸 4cm ×4cm，深度约为 0.10m 的聚乙烯网兜住，将采集的凤眼莲、水花生等浮水植物混合体或李氏禾植物体置于上述围栏中进行水中集中堆沤，鲜植物体最初堆积厚度为 0.10 ~ 0.15m，常温条件下发酵 30 ~ 40d，待堆沤体植物腐败、温度下降至常温并处于稳定状态时，即制成厚度约 8 ~ 12cm 的浮岛植物生长基质。因植物基质可起到培养浮岛植物时固定植物根系的作用，为一次性制作且总量不大，在植物生长的过程中其将逐步被微生物分解和植物吸收，对水体污染影响很小。

2.1.3 生态防护墙设计

内外墙体采用木桩或竹桩，位于生态防护墙的内外层，由直径在 10～30cm 的木桩或竹桩并排链接，木桩或竹桩长度在 5～8m 之间，埋入水体深度视当地水文条件而定。内外墙体之间及各墙体本身的木桩之间采用拉筋连接。墙体靠湖泊侧内表面及底部铺复合土工膜，靠前置库内侧表面铺无纺布。内外墙体之间自上而下有高原红土种植物、编织袋装土、砾石层等组成。复合土工膜厚 2～5mm，无纺布厚 2～5mm，表层红土厚 0.3～0.6m，编织袋陶粒及砾石根据施工需要确定。

墙体内陶粒、红土及砾石是植物根系生长及微生物附着的区域，是硝化反硝化作用发生的主要区域，发挥了生态防护墙主要的净化作用。防护墙设有间隔，其作用是水量冲击负荷过大时，水流可以从此间隔中溢流通过生态防护墙，而不对墙体产生明显的冲击影响，表层的植物选用根系泌氧能力较强、脱氮除磷效果好的种类。如美人蕉、香蒲、葛蒲、芦苇、香根草、茭草、滇鼠刺、鸢尾或柳树等，使本生态防护墙形成既具有脱氮除磷效果又兼有景观美化特点。生态防护墙设计见图 2-1。

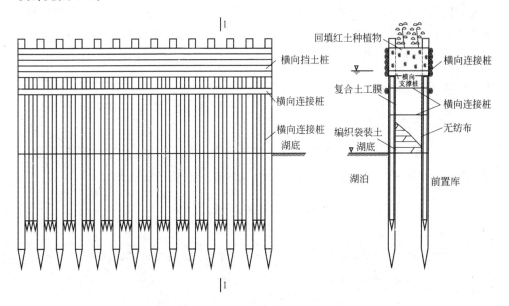

图 2-1　试验研究中研制的生态防护墙

2.1.4　稀土吸附剂制备

制备方法主要参照李彬等人的研究结果[38,39]。

2.1.5　东大河泥沙吸附试验

试验用鲜泥沙采自东大河入滇池河口及前置库示范工程区。鲜泥采集过程为：首先将氮磷污染的上层污泥约0.6m进行吸泥机挖出，再取下层的新鲜泥土，并将其充分混合，用蒸馏水浸泡2d以上，浸泡期间经常换水并搅动，尽量去除吸附在泥沙表面的污染物，以减小污染物对试验的影响。然后在烘箱中105℃烘干，轻轻研细，并放在干燥器中低温保存备用。

新鲜泥沙具有对水体中氮磷等的吸附特性，主要是因为河道泥沙含量高，泥沙对磷酸盐有一定的夹带吸附作用，促使磷沉淀。同时，泥沙对氮磷的吸附量有助于后续污染物去除途径的探讨。

2.1.6　现场试验阶段的工作量

根据实验室小试的结果及植物选择培养的效果，进行工程示范。示范阶段主要考察前植物工程在旱季、雨季及一次暴雨过程净化水质的效果；考察植物浮岛、沉水植物带对去除效果的强化作用；投加稀土吸附剂、生态防护墙等进行物理化学强化，考察对前置库净化效果的强化程度；考察前置库区的生物稳定性，微生物变化情况及生物量与净化效率的关系等，并进行流场数值模拟，解释前置库净化途径及水质净化机理等。

2.2　主要试验分析方法

2.2.1　常规水质指标分析方法

水质分析在昆明理工大学与滇池管理局水质分析实验室进行，水质指标包括COD、TN、NH_3-N、NO_3^--N、TP、ORP、DO等，测定方法见表2-1。

表2-1　水质常规项目测定方法

分 析 项 目	测 定 方 法
高锰酸盐指数（COD）	酸性高锰酸钾滴定法（GB11892—89）
总磷（TP）	钼酸铵分光光度法（GB11893—89）
总氮（TN）	碱性过硫酸钾消解紫外分光光度法（GB11894—89）
氨氮（NH_3-N）	纳氏试剂分光光度法（GB7480—87）

分 析 项 目	测 定 方 法
硝酸盐氮($NO_3^- - N$)	紫外分光光度法
溶解氧(DO)	碘量法(GB 7489—87)
pH 值	pHS-3C 数字酸度计(GB 6920—86)
温度	温度计(GB 13195—91)
ORP	氧化还原电位测定仪(DW—1)
透明度(SD)	标准塞氏盘法
TOC/DOC	TOC-V_{CHS}分析仪
悬浮物(SS)	重量法

2.2.2 水质生物稳定性分析方法

2.2.2.1 AOC 分析方法

AOC 测定的细菌是从水中分离出来的 P17（荧光假单胞菌）和 NO_x（螺旋菌），两种细菌生长的基质不同，P17 利用水中大部分生物易降解有机物，如氨基酸、羧酸、碳水化合物等，但不能利用草酸类等基质，而 NO_x 则可利用草酸类基质[36]。根据两种细菌的接种顺序，AOC 测定方法可分为分别接种、同时接种和先后接种等 3 种方法，本书在测定 AOC 时采用先后接种法，先后接种 P17 和 NO_x 菌种，分析步骤如下：

（1）器皿预处理。250mL 磨口取样瓶先用清水洗净，浓硫酸-高锰酸钾洗液浸泡 4～6h（无碳化），依次用自来水、蒸馏水、纯水冲洗干净，1.1～1.4kg/cm^2（121～124℃）高压灭菌 20min 后备用。培养用的 50mL 磨口具塞三角瓶和稀释用的小试管（$\phi18\times180$）用自来水冲洗晾干后，在 3mol/L 的稀硝酸中浸泡 24h 左右。取出后依次用自来水、蒸馏水、纯水冲洗干净，晾干后在550℃马福炉中烘烤 2h。待温度降至 100℃时，将三角瓶取出立即盖上瓶塞，小试管取出后放入有盖的器皿中，以防空气中的细菌进入。非玻璃器皿（如移液枪头等）用稀盐酸浸泡，然后依次用自来水、蒸馏水、纯水冲洗干净，1.1～1.4kg/cm^2（121～124℃）高压灭菌 20min 后，放入封闭容器中备用。

（2）培养基与缓冲液制备。LLA 培养基：蛋白胨 5g、牛肉浸膏 3g、琼脂粉12g、水 1000mL，完全溶解后，1.1～1.4kg/cm^2（121～124℃）灭菌 20min。3M磷酸盐缓冲液（pH=7.2）：K_2HPO_4 7mg、$MgSO_4 \cdot 7H_2O$ 0.1mg、$(NH_4)_2SO_4$ 1mg、NaCl 0.1mg、$FeSO_4$ 1μg、超纯水 1000mL，混合均匀后，1.1～1.4kg/cm^2（121～124℃）灭菌 20min。

（3）水样预处理。将待测水样收集在 250mL 无碳化后的磨口取样瓶中，在60～70℃的水浴锅中巴氏消毒 30min，以杀死活性细胞，水样保存于 4～6℃冰箱中，尽快测定。

（4）水样冷却后接种，每种细菌的接种浓度约为 10^4 cfu/mL。

（5）培养。将接种后的水样放在 22~25℃ 的生化培养箱中静置黑暗培养 3d，进行平板菌落计数。P17 菌落为淡黄色，大小为 3~4mm；NO_x 菌落为乳白色，大小为 1~2mm。

（6）细菌菌落平板计数。从 50mL 培养瓶中取 100μL 摇匀的培养液，用无机盐溶液稀释 10^3~10^4 倍。取 100μL 涂布于 LLA 平板，置于 22~25℃ 培养箱中培养。剩余水样（约 50mL）再经巴氏消毒，杀死其中的 P17，再接种 NO_x，培养 3d，平板计数。

（7）产率系数。产率系数为细菌利用单位数量的有机碳标准物能产生的最大细胞数量。将产率对照的菌落密度减去空白对照的菌落密度即可计算 P17 和 NO_x 的产率系数[16]。本实验时计算的产率系数 P17 为 4.65×10^6（cfu/μg 乙酸碳），NO_x 为 1.88×10^7（cfu/μg 乙酸碳）。

（8）AOC 的计算。将待测水样的菌落密度减去空白对照的菌落密度，代入细菌产率系数，即可求得 AOC 值，公式如下：

$$AOC_{-P17}(\mu g 乙酸碳/L) = \frac{[P17_{水样}(cfu/mL) - P17_{空白对照}(cfu/mL)] \times 10^3}{P17 产率系数}$$

$$(2-1)$$

$$AOC_{-NO_x}(\mu g 乙酸碳/L) = \frac{[NO_{x水样}(cfu/mL) - NO_{x空白对照}(cfu/mL)] \times 10^3}{NO_x 产率系数}$$

$$(2-2)$$

$$水样总 AOC(\mu g 乙酸碳/L) = AOC_{-P17} + AOC_{-NO_x} \qquad (2-3)$$

2.2.2.2　BDOC 测定方法

BDOC 即可生物降解溶解性有机物，也是反映饮用水生物稳定性的一个重要指标，是水中细菌和其他微生物新陈代谢的物质和能量的来源，包括其同化作用和异化作用的消耗。具体操作步骤为：

（1）取样。在取样点将待测水样取入 1000mL 玻璃瓶中，立即将水样送到实验室，放入冰箱中保存，尽快测定。如水样中有余氯，应立即加入适量硫代硫酸钠中和（余氯当量的 1.2 倍）。

（2）生物砂的准备。取用不加氯水反冲洗的砂滤池或生物强化活性滤池中具有生物活性的石英砂若干，作为 BDOC 测定接种物，测定前用待测水样或其同源水样培养活化 3d。

（3）待测水样的准备。将待测水样用 0.45μm 超滤膜进行过滤，过滤方法为：先用纯水过滤 500mL 左右，弃之。然后过滤水样，前 150~200mL 滤液弃之不用，接着过滤 600mL 左右。同时取水样测 TOC，此值为 DOC_0（即初始 DOC

值）。

（4）接种。称取100g（湿重）生物砂放入500mL磨口具塞三角瓶，分别用纯水与待测水样各洗涤三次；加入300mL待测水样，并测定加入前后水样DOC差值，若大于0.2mg/L，则该水样作废。

（5）培养与BDOC测定。将接种好水样放于20℃培养箱中避光培养，偶尔摇晃，使生物砂与水样中基质充分接触，在第10天取样，经过0.45μm超滤膜过滤后测定DOC_{10}值，$BDOC = DOC_0 - DOC_{10}$。

（6）测定精度控制。空白对照。用超纯水作为空白样，按照相同的步骤取样、接种、培养，测定培养前后DOC值的变化，考察生物砂上附着的活性细菌对测定过程中DOC的影响。

吸附试验。采用与生物砂相同材质的石英砂，经洗涤和无菌处理后，按照相同的步骤取样、接种、培养，测定培养前后DOC值的变化，考察作为接种物载体的石英砂的吸附作用对测定过程中DOC的影响。

（7）测定BDOC的整个过程如图2-2所示。

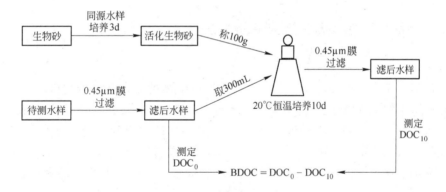

图2-2　试验中BDOC测定方法流程图

2.2.3　有机物分子量测定方法

有机物分子量分布可以用超滤膜法（UF）、空间排斥色谱法（GPC）、小角度X射线散射、凝胶层析和电子显微镜观察等方法测定[30,34]。空间排斥色谱、小角度X射线散射、凝胶层析等方法都是利用不同分子量的标准物作标准曲线，以待测水样的信号与标准曲线相比较，得到的是水中有机物分子量分布的连续曲线，这些方法都不能定量地描述某一分子量范围有机物的多少。而且样品制备复杂，受外界条件影响较大，有时会影响测定结果。相比之下，超滤膜法操作简单，受外界条件干扰小，费用也较低。

本试验中采用的是Amicon公司的8200型氮气加压搅拌型超滤器，利用切割分子量分别为：100KD、10KD、3KD、1KD、0.5KD 五种超滤膜来完成有机物的分子量分级的。膜过滤测定分子量分布的过程如图 2-3 所示。

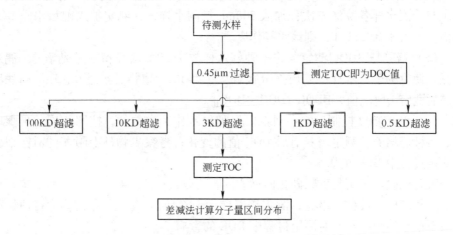

图 2-3　有机物分子量分布测定过程示意图

2.2.4　前置库内微生物及生化性质测定方法

2.2.4.1　微生物生物量的测定

目前，在水生物处理领域应用最广泛的微生物量测定方法是脂磷法[15]，因大部分微生物生物膜脂类是以磷脂（phospholipids）的形式存在的，磷脂在细胞死亡后很快分解，磷脂中的磷（脂磷，Lipid-P）的含量容易通过比色法测定，因此脂磷法的测定微生物量可以用来表征活细菌总数[36]。

测定步骤为：准确称取 5g 新鲜底泥样，放置于 100mL 具塞三角瓶中，加入 25mL 纯水，充分振荡 15min，确保无颗粒状土，依次加入氯仿 5mL、甲醇 10mL、纯水 4mL（氯仿、甲醇、纯水的体积比为 1∶2∶0.8），用力振荡 10min，静置 12h 后，再向三角瓶中加入氯仿、纯水各 5mL，最终使得氯仿、甲醇、纯水的体积比为 1∶1∶0.9，用力振荡 10min，静置 12h，取出含有脂类的下层氯仿相 5mL 转移至 10mL 具塞比色管中，水浴蒸干。向比色管中加入 5% 的过硫酸钾溶液 0.8mL，加水至刻度，在高压锅中 121℃（$1.1 \sim 1.4 kg/cm^2$）消解 30min。取出冷却至室温，然后向比色管中加入 10% 抗坏血酸溶液 0.2mL，混匀，30s 后加入钼酸盐溶液 0.4mL，充分混匀，放置 15min，以水为参比，700nm 波长，10mm 玻璃比色皿比色，记录吸光度，根据标准曲线，计算脂磷浓度，再换算成每克泥样中脂磷含量[17,18]。

2.2.4.2　基质微生物活细菌测数

基质测样的制备：准确称取 10g 新鲜泥样，迅速倒入盛有三十粒左右玻璃球的 100mL 无菌水具塞三角瓶中，充分振荡 15 ~ 30min，制成稀释 10 倍的样品稀释液，静置 30s 后，用 1mL 灭菌吸管吸取 1mL10 倍稀释液加入 9mL 无菌水中（勿使吸管碰到无菌水），摇匀，即制成 100 倍稀释液，按照上述方法可稀释到 10^3、10^4、……，稀释度分别记为 10^{-2}、10^{-3}、10^{-4}、……。

基质微生物活细菌数的测定采用涂抹平板培养计数法，将冷却至 50℃ 左右的琼脂培养基注入灭菌的培养皿中，待凝固后，放置于 28℃ 的恒温箱中培养 36 ~ 48h，选取稀释度为 10^{-6}、10^{-7}、10^{-8} 的样品稀释液，每培养皿接种 1.0mL，用无菌涂棒将稀释液均匀涂抹在平板表面。将接种后的培养皿置于 37℃ 恒温箱中，培养 2 ~ 4d，计算菌落数，换算为被测样品的活细菌数。

2.2.5 微型生物群落监测方法

运用微型生物群落的结构和功能参数，可用于评价前置库系统对净化区域的生态恢复的能力，即可以用于评价前置库的生态效应。微型生物群落监测采用 PFU 法（GB/T 12990—91），将 32 号聚氨酯泡沫塑料切割成 50mm×50mm×80mm 大小的块，使用前用自来水冲洗，再用蒸馏水浸泡 24h，用细线固定于前置库进水口 S_1、前置库中心区 S_3 和前置库出水口 S_5 等 3 处采样点，当 PFU 暴露的 1d、3d、5d、7d、11d、15d 时采样，作生物平行观察。所测定的微生物群落结构参数有微生物种类数和 Magalaef 多样性参数，功能参数有 Seq（达到平衡时的种类数）、G（群集速率常数）和 $T_{90\%}$（达到 90% Seq 所需的时间）[30]。

采用活体镜检方法对水样中的微型生物进行观察和鉴定分类，鉴定到种。镜检时用吸管从含 PFU 挤出液的烧杯底部吸取 3 滴水样于载玻片上，盖上 20mm×20mm 盖玻片。观察时，可加入 5% 的甲基纤维素溶液以限制虫体的运动；用 0.1% 的甲基绿溶液（methyl green），或 0.1% 的次甲基蓝溶液（methylene blue），5% 的冰乙酸、碘液染色以观察细胞核、纤毛和鞭毛；虫体大小用显微测微尺测量，单位为 μm。计数：用 100μL 微量取样器吸取水样置于 0.1mL 计数框内，在 400 ~ 600 倍显微镜下观察计数。每个样品取 2 ~ 3 片，全片计数，取其有效值，换算出每毫升样品中虫体的密度。

多样性指数：把含 PFU 挤出液的烧杯中的水样摇匀，用吸管吸取 0.1mL 水样于 0.1mL 计数框内，盖上盖玻片，全片进行活体计数，由于是活体，原生动物进出视野的机会是均等的，以进入视野内的个数为准。应用 Magalaef 多样性指数公式进行计算：

$$D = (S-1)\ln N \qquad (2-4)$$

式中，S 为原生动物种数；N 为原生动物丰度，个/mL。

2.2.6 浮游生物监测方法

2.2.6.1 浮游植物分析

浮游植物定性样品用 25 号浮游生物采集网采集，取水样在光学显微镜下鉴定，定性到属或种。定量样品用5L采水器在水面下30cm以下取水，放入事先加入15mL鲁哥试剂的1000mL取样瓶中，静置48h后吸取上清液，定容至30mL。显微镜镜检计数时，充分摇匀，吸取100μL滴入0.1mL的计数框内，定量计数在10×40倍视野下进行，每个样品重复计数两次，每次计数个体为300~500个。浮游植物的鉴定按《中国淡水藻类》[36]。

2.2.6.2　浮游动物分析

原生动物的鉴定参照沈韫芬等编著的《微型生物监测新技术》[20]，定量计数和生物量计算同浮游植物。轮虫的种类鉴定参见王家辑编著的《中国淡水轮虫志》[25]，轮虫的计数方法从摇匀的测样中吸取1mL注入1mL计数框中，在16×10倍视野下计数，一般计数两片，取平均值，生物量按照《湖泊生态调查观测与分析》[26]中相关计算公式估算。

浮游甲壳动物的取样采用5L有机玻璃采水器取水20L，用25号浮游生物网过滤并放入50mL塑料瓶中，按Haney等人描述的方法保存[37]，浮游甲壳动物中枝角类的鉴定参见《淡水枝角类》[28]，桡足类的鉴定参见《淡水桡足类》[29]。采集的样品全部计数，生物量按照《湖泊生态调查观测与分析》中相关计算公式估算。

2.2.7　底栖动物监测方法

底栖动物是指生活在水体底部淤泥内或石块、砾石的表面和间隙中，以及附着在水生植物之间的肉眼可见的水生无脊椎动物。底栖动物的取样采取人工基质篮式采样器[30]。采样篮为圆柱形，直径为18cm，高20cm，14号铁丝编织，孔径4~6mm。使用时，篮底铺一层40目尼龙筛绢，盛满5~8cm卵石，重约6kg。

试验于2008年4月1日~2008年8月15日进行。在前置库进口S_1和前置库中心区S_3底部均放置2个人工基质采样篮，间隔一定时间取样后再投入相同位置，将卵石倒入盛有少量水的桶内，用猪毛刷将每个卵石和筛绢上附着的底栖动物洗下，再经380μm（40目）分样筛洗净，将生物在白瓷板内用肉眼拣出鉴定。因为工程示范时已经对底泥进行了全部清淤，底部监测物基本能反映底栖动物的群落结构。

同时，砾石表面也形成了微生物膜，为分析前置库内基质对微生物富集效果，也采用脂磷法测定S_1、S_3投放砾石表面生物膜的生物量大小。

2.3　本章小结

采用实验室植物选配、吸附剂制备、浮床设计、生态防护墙设计等技术方法，最终将形成以生物净化为主，物理化学法净化为辅的综合前置库生态技术集成。在前置库工程示范中，分别栽培挺水植物、沉水植物及植物浮岛，模拟天然湖泊滨水带的生态系统。通过旁流系统来调节进水流量和污染物负荷，从而进行研究多种水力运动条件下的水质净化效果、前置库微生物量特性及各种措施对净化效果的贡献值，使各种措施对前置库系统的贡献定量化，进而评价前置库系统的生态效应，也为前置库的设计提供技术参数和理论支撑。

参考文献

[1] 李小平. 滇池水污染治理中应该注意的几个问题. 滇池水污染控制与技术专题研讨会. 昆明, 2009.

[2] 朱铁群. 我国水环境农业非点源污染防治研究简述 [J]. 农村生态环境, 2000, 16 (3): 55~57.

[3] 年跃刚, 李英杰, 宋英伟, 等. 太湖五里湖非点源污染物的来源与控制对策 [J]. 环境科学研究, 2006, 19 (6): 40~44.

[4] Michele M, Giuliano C, Fabio B, et al. River pollution from non-point sources: a new simplified method of assessment. Journal of Environmental Management, 2005, 77: 93~98.

[5] 甘小泽. 农业面源污染的立体化消减 [J]. 农业环境科学学报, 2005, 15 (5): 34~37.

[6] 杨文龙, 杨树华. 滇池流域非点源污染控制区划研究 [J]. 湖泊科学, 1998, 10 (3): 55~60.

[7] 刘光德, 李其林, 黄昀. 三峡库区面源污染现状与对策研究 [J]. 长江流域资源与环境, 2003, 12 (5): 462~466.

[8] 黄晶晶, 林超文, 陈一兵, 等. 中国农业面源污染的现状及对策 [J]. 安徽农学通报, 2006, 12 (12): 47~48.

[9] 尹澄清, 毛战坡. 用生态工程技术控制农村非点源水污染 [J]. 应用生态学报, 2002, 13 (2): 229~232.

[10] Uwe K, Hendrik D, Robert J R, et al. The roach population in the hypertrophic bautzen reservoir: structure, diet and impact on Daphnia galeata. Limnologica, 2001, 31: 61~68.

[11] Vera I, László S. Factors influencing lake recovery from eutrophication—the case of basin 1 of Lake Balaton. Wat. Res. 2001, 35 (3): 729~735.

[12] Kim Jones, Emile Hanna. Design and implementation of an ecological engineering approach to coastal restoration at Loyola Beach, Kleberg County, Texas. Ecological Engineering, 2004, 22: 249~261.

[13] Siegfried L Krauss, Tian Hua He. Rapid genetic identification of local provenance seed collection zones for ecological restoration and biodiversity conservation. Journal for Nature Conservation, 2006, 14: 190~199.

[14] K Nalkamura, T Morikawa, Y Shimatani. Pollutants control by the artificial lagoon, Environment System Research, JSCE. 2000, 28: 115~123.

[15] 方华. 饮用水生物稳定性与净水工艺对有机物去除的研究 [D]. 东南大学博士学位论文, 2006, 9.

[16] 吴义锋. 生态混凝土护砌改善微污染水源水质及生态效应研究 [D]. 东南大学博士学位论文, 2009, 3.

[17] 魏谷, 于鑫, 叶林, 等. 脂磷生物量作为活性生物量指标的研究 [J]. 中国给水排水, 2007, 23 (9): 1~4.

[18] 于鑫, 张晓键, 王占生. 饮用水生物处理中生物量的脂磷法测定 [J]. 给水排水, 2002, 28 (5): 1~6.

[19] Daniel Urfer, Peter M Huck. Measurement of biomass activity in drinking water biofilters using a respirometric method [J]. Water Research, 2001, 35 (6): 1469~1477.

[20] 沈韫芬, 章宗涉, 龚循矩, 等. 微型生物监测新技术 [M]. 北京: 中国建筑工业出版社, 1990.

[21] 中国标准出版社第二编辑室编. 中国环境保护标准汇编 水质分析方法 [M]. 中国标准出版社, 2000.

[22] 周凤霞, 陈剑虹. 淡水微型生物图谱 [M]. 北京: 化学工业出版社, 2005.

[23] 吴邦灿. 环境监测技术 [M]. 中国环境科学出版社, 1998. 11.

[24] 胡鸿钧, 魏印心. 中国淡水藻类——系统、分类及生态 [M]. 北京: 科学出版社, 2006.

[25] 王家辑. 中国淡水轮虫志 [M]. 北京: 科学出版社, 1960.

[26] 黄祥飞. 湖泊生态调查观测与分析 [M]. 北京: 中国标准出版社, 2000.

[27] Haney J F, Hall D J. Sugar- coated Daphnia: a preservation technique for cladocera [J]. Limnology and Oceanography. 1973, 18: 331~333.

[28] 蒋燮志, 堵南山. 中国动物志·节肢动物门·甲壳纲·淡水枝角类 [M]. 北京: 科学出版社, 1979.

[29] 中国科学院动物研究所甲壳动物研究组. 中国动物志·节肢动物门·甲壳纲·淡水桡足类 [M]. 北京: 科学出版社, 1979.

[30] 陈廷, 黄建荣, 陈晟平, 等. 广州市人工湖泊 PFU 原生动物群落群集过程及其对水质差异的指示作用 [J]. 应用与环境生物学报, 2004, 10 (3): 310~314.

[31] 纪荣平. 人工介质对太湖水源地水质改善效果及机理研究 [D]. 东南大学博士学位论文, 2005.

[32] C M Hung. Catalytic Wet Oxidation of Ammonia Solution: Activity of the Copper- Lanthanum- Cerium Composite Catalyst [J]. Journal of Environment Engineering, 2009, 25 (5): 234~239.

[33] Helena Ot' ahel' ova, Milan Valachovic, Richard Hrivnak. The impact of environmental factors on the distribution pattern ofaquatic plants along the Danube River corridor (Slovakia) [J] Limnologica, 2007, doi: 10.1016/j. limno. 2007.07.

[34] 李发占. 跌水曝气生物氧化-超滤膜处理富营养化水源水研究 [D]. 东南大学博士学位论文, 2008.

[35] 姚超, 马江权, 林西平, 等. 纳米氧化镧的制备 [J]. 高校化学工程学报, 2003, 6:

235～242.

[36] 胡鸿钧，魏印心. 中国淡水藻类—系统、分类及生态［M］. 北京：科学出版社，2006.

[37] Haney J F，Hall D J. Sugar-coated Daphnia：a preservation technique for cladocera［J］. Limnology and Oceanography. 1973，18：331～333.

[38] 李彬，宁平，陈玉保，等. 镧沸石吸附剂微污染水除磷脱氮［J］. 武汉理工大学学报，2005，9：55～59.

[39] 李彬. 稀土吸附剂微污染水深度除磷研究［D］. 昆明理工大学硕士论文，2006.

3 前置库区适宜的植物培养试验

3.1 滇池流域主要植物种类调查

3.1.1 前置库中水生植物功能

水生植物是库区水生生态系统的重要组成部分，它在前置库中水体生物生产中占有极其重要的地位，是前置库水生生态系统中物质与能量流的主要传递者，其种群数量变动对库区生态及水域环境有着重大影响[1,5]。另外，水生植物的新陈代谢过程可净化水质、吸收和吸附大量的营养物质和其他物质，因此本书专门做了不同植物去除水体营养盐效果的静态试验，对前置库库区种植的水生植物进行了筛选。

库区生长的水生植物包括挺水植物、漂浮植物、浮叶植物、沉水植物等。在库区种植大型的水生植物，可以提高对有机物及无机营养物的去除效果，收获的植物还有多种有益的用途，可收到一定的经济效益。水生植物在库区生态系统中主要起到如下作用[1]：

（1）提供氧气。污染物降解所需要的氧气主要来自大气自然复氧和植物输氧。有研究表明，水生植物的输氧速率远比依靠空气向液面扩散的输氧速率大[2]。植物根系向土壤中传输的氧使得根系周围形成了良好的微生物生长环境和硝化与反硝化环境。

（2）为微生物提供附着场所。水生植物根系常形成一个网络状结构，植物根系附近形成好氧、缺氧和厌氧的不同环境，为各种不同微生物的吸附和代谢提供了良好的生存环境。研究表明，有植物的水生生态系统，细菌数量显著高于无植物系统，且植物根部的细菌比介质高 1~2 个数量级。植物的根系分泌物还可以促进某些嗜磷、嗜氮细菌的生长，促进氮磷释放、转化，从而间接提高净化率[3]。一般情况下，植物净化水质的能力与植物的长势和密度成正比。

（3）吸收污染物质。水生植物能直接吸收利用污水中的氮、磷等营养物质供其生长发育，同时还能吸附、富集一些有毒有害物质，如重金属 Cd、Hg、As、Pb、Ni、Cu 等。植物对有害物质的吸收以被动吸收为主，增加植物和处理水体的接触时间，将提高植物对其的去除率[4]。

（4）维持系统的稳定。云南特殊的环境使得植物修复技术优势独特。在合理搭配植物类型和管理科学的情况下，完全能够实现四季植物交替出现，为微生物提供适宜的环境，保证前置库全年的高水平净化水体功能[2]。

3.1.2 水生植物现状

为了前置库植物引种的针对性，课题组对滇池流域的主要水生植物类型进行了调查，同时也进行了专家咨询和资料收集，滇池流域植物类型大致如下：

（1）浮游植物。浮游植物由于含有叶绿素，故能进行光合作用，自给营养而独立生活[5]，它是水生生态系统中原始的生产者之一，是水体生产力的具体体现。与水生维管束植物、浮游动物一起是鱼类和其他经济动物的直接或间接的饵料基础。滇池外海共发现6门29属，绿藻门12属，硅藻门6属，蓝藻门5属，裸藻门、甲藻门和隐藻门各2属，优势种为栅藻，夏季蓝藻居多。

（2）浮游动物。浮游动物是水生生态系统中的原始的消费者，它们中大多数种类是以细菌、藻类和有机碎屑为食，还有些种是肉食者，以别的浮游动物为食料，在营养系中居于更高的层次[10]。滇池外海共发现原生动物10科21种，轮虫类9科39种，枝角类5科11种，桡足类2目6种，其他浮游动物5门9种。东大河河口区域浮游动物以轮虫出现的属种数最多，浮游动物的密度可达800~1500个/L。

（3）底栖动物。底栖动物在营养层次中居于低位，属于短食物链系列，在水生态系统的物质循环中起着重要作用。另外，通过捕捞将底栖动物移出前置库区水生态系统，可以降低水体的营养负荷，有助于防止库区水体的富营养化[6]。滇池流域外海底栖动物3门5纲10种，其中软体动物门种类较多有6种。底栖动物的数量各次采样每个点平均观察到88.5个。

（4）水生植物，是水生生态系统中的初级生产者。根据现场的实际调查，发现前置库区主要水生植物有：红线草、狐尾藻、范草、马来眼子菜、苦草、芦苇、水花生、伊乐藻等沉水植物水草，但数量较少。

根据前置工程建设前的实地调查及滇池流域的气候特点，在实验室静态培养阶段主要选择了以下植物进行栽培：

1）挺水植物：茭草、芦苇、水葱、鸢尾、水芹菜。

2）沉水植物：狐尾藻、红线草、菹草、伊乐藻、海菜花、金鱼藻、马来眼子菜。

3.2 静态栽培试验

3.2.1 室内无土栽培植物长势分析

前人已经多次研究过水生植物净化污水的效果[7~9]，但对于以面源污染为主的河水净化研究较少。本书对前置库区本土植物进行研究，增加植物净化水体的针对性，也将方便水生植物的引种。对初步选择的植物在室内桶栽试验（塑料桶有效容积约 0.8m³，植物在室内栽培前用清水冲洗），采用塑料泡沫无土栽培技术[1]，研究静态条件下对东大河河水的适应性。试验选择在光照强度较好（有利于光合作用）的夏季进行（2007 年 6 月 4 日～2007 年 8 月 4 日）。

不同植物的生长情况及生物量增加见表 3-1 和表 3-2。

表 3-1　主要挺水植物生长及生物量试验结果

研究项目	植物种类	水芹菜	茭草	芦苇	水葱	鸢尾	水体感官
生长发育	河水	长势较好，分枝多，最快 6cm/d	长势一般，有少量的分蘖	分枝较多，最快 5cm/d	长势很好，郁郁葱葱	长势较好，开花。最快 3cm/d	河水水体透明度基本无变化，少量浮游植物出现。自来水培养，部分水体变臭，估计有枯死残体所致
	自来水	长势较差，部分死亡	长势较差，少量枯萎	长势一般	枯萎变黄，少量死亡	大量死亡	
生物量	河水	62d 28～42g	62d 18～32g	62d 36～66g	62d 12～20g	62d 9～18g	
	自来水	62d 7～16g	62d 6～11g	62d 16～22g	62d 3～9g	62d 3～11g	

表 3-2　主要沉水植物生长及生物量试验结果

研究项目	植物种类	狐尾藻	红线草	苲草	伊乐藻	海菜花	金鱼藻	马来眼子菜	水体感官
生长发育	河水	根系较发达，无分枝，最快 1.2cm/d	根系不发达，分枝多，最快 2.2cm/d	分枝较多，最快 1.8cm/d	长势一般，少量死亡	长势较好，分枝多	根系不发达，分枝少，最快 3.0cm/d	长势较好，最快 3.3cm/d	河水内透明度增加，丝状藻类出现。目测自来水内长势好于河水内长势
	自来水	长势一般，根系发达，最快 2.0cm/d	分枝出现，无枯萎	大量分枝出现，最快 4cm/d	根系发达，分枝出现，最快 2cm/d	长势好，分枝多，最快 1.2cm/d	根系发达，全部成活，最快 2.2cm/d	长势较好，有分枝，最快 4.2cm/d	
生物量	河水	62d 3～7g	62d 3～6.62g	62d 4～9g	62d 2～6g	62d 6～9g	62d 3～7g	62d 5～11g	
	自来水	62d 2.2～3.2g	62d 1～2g	62d 3～5.6g	62d 2～4g	62d 3～8g	62d 3～4.2g	62d 2～9g	

从表 3-1 可以看出，挺水植物荚草、芦苇、水葱、鸢尾、水芹菜在河水培养桶内长势较好，尤其是芦苇、水芹菜两类植物，最快长势分别达到 5cm/d 和 6cm/d；62d 培养时间内，芦苇、水芹菜的生物量分别增长 66g/d 和 42g/d。自来水培养基中，所有挺水植物长势均一般，部分植物甚至枯死，水体变臭。

表 3-2 的试验结果表明，所选择的沉水植物狐尾藻、红线草、菹草、伊乐藻、海菜花、金鱼藻、马来眼子菜在河水中长势也较好。特别是马来眼子菜、菹草、狐尾藻等长势最好，最快增长速度分别达到 4.2cm/d、4.0cm/d 和 2.0cm/d；62d 时间内生物量分别增加 5～11g、4～9g 和 3～7g。因此，河水内的营养环境较适合这些沉水植物生长。但值得说明的是，这些沉水植物在湖水内的长势较差，龚震[10]等人的研究结果表明，狐尾藻等沉水植物在自来水中的长势要好于湖水，主要是滇池污染物浓度相对较高，超过了这些植物最佳营养范围所致[10]。

3.2.2　水生植物对河水的净化效果

在采取 3.2.1 小节中的栽培方法下，考察了各种水生植物对东大河河水污染物的净化效果。选择初始浓度和试验结束时的浓度差作为植物吸收量来定量研究去除率，结果见表 3-3～表 3-7。

表 3-3　静态试验 TP 去除率情况

序号	植物名称	初始浓度 /mg · L⁻¹	最终浓度 /mg · L⁻¹	去除率 /%	效果排序
1	荚草	0.3551	0.2251	36.6	10
2	芦苇	0.3556	0.1963	44.8	7
3	水葱	0.3549	0.2218	37.5	9
4	鸢尾	0.3556	0.2745	22.8	12
5	水芹菜	0.3536	0.2359	33.3	11
6	狐尾藻	0.3551	0.1790	49.6	3
7	红线草	0.3555	0.1895	46.7	6
8	菹草	0.3583	0.1473	58.9	1
9	伊乐藻	0.3546	0.1837	48.2	4
10	海菜花	0.3544	0.2087	41.1	8
11	金鱼藻	0.3549	0.1856	47.7	5
12	马来眼子菜	0.3553	0.1542	56.6	2
13	空白对照水样	0.3609	0.3244	10.1	

表 3-4 静态试验活性磷（SRP）去除率情况

序号	植物名称	初始浓度 /mg · L^{-1}	最终浓度 /mg · L^{-1}	去除率 /%	效果排序
1	菱草	0.1420	0.1010	28.9	8
2	芦苇	0.1444	0.0966	33.1	3
3	水葱	0.1459	0.1145	21.5	10
4	鸢尾	0.1532	0.1351	11.8	12
5	水芹菜	0.1436	0.1100	23.4	9
6	狐尾藻	0.1420	0.0974	31.4	4
7	红线草	0.1422	0.0997	29.9	6
8	菹草	0.1508	0.0881	41.6	2
9	伊乐藻	0.1406	0.0977	30.5	5
10	海菜花	0.1423	0.1134	20.3	11
11	金鱼藻	0.1420	0.1001	29.6	7
12	马来眼子菜	0.1457	0.0766	47.4	1
13	空白对照水样	0.1400	0.1471	-5.1	

表 3-5 静态试验 TN 去除率情况

序号	植物名称	初始浓度 /mg · L^{-1}	最终浓度 /mg · L^{-1}	去除率 /%	效果排序
1	菱草	3.331	1.705	48.8	3
2	芦苇	3.502	1.411	59.7	1
3	水葱	3.451	1.453	57.9	2
4	鸢尾	3.031	1.700	43.9	4
5	水芹菜	3.333	2.206	33.8	7
6	狐尾藻	3.423	2.981	12.9	12
7	红线草	3.256	2.269	30.3	8
8	菹草	3.345	2.117	36.7	6
9	伊乐藻	3.098	2.512	18.9	11
10	海菜花	3.371	2.565	23.9	9
11	金鱼藻	3.401	1.928	43.3	5
12	马来眼子菜	3.109	2.419	22.2	10
13	空白对照水样	3.089	3.071	0.59	

表3-6 静态试验 NH₃-N 去除率情况

序号	植物名称	初始浓度/mg·L⁻¹	最终浓度/mg·L⁻¹	去除率/%	效果排序
1	菱草	1.998	0.2258	88.7	9
2	芦苇	2.101	0.1429	93.2	5
3	水葱	2.071	0.0435	97.9	3
4	鸢尾	1.819	0.1837	89.9	8
5	水芹菜	2.034	0.1709	91.6	6
6	狐尾藻	2.102	0.1408	93.3	4
7	红线草	1.986	0.2562	87.1	10
8	菹草	2.074	0.3712	82.1	11
9	伊乐藻	1.858	0.3735	79.9	12
10	海菜花	2.023	0.1902	90.6	7
11	金鱼藻	2.041	0.0225	98.9	1
12	马来眼子菜	1.865	0.0242	98.7	2
13	空白对照水样	1.853	1.305	29.6	

表3-7 静态试验 COD 去除率情况

序号	植物名称	初始浓度/mg·L⁻¹	最终浓度/mg·L⁻¹	去除率/%	效果排序
1	菱草	22.375	8.704	61.1	4
2	芦苇	20.078	4.640	76.9	1
3	水葱	19.302	10.944	43.3	9
4	鸢尾	21.220	4.965	76.6	2
5	水芹菜	21.376	11.522	46.1	8
6	狐尾藻	19.873	12.520	37.0	10
7	红线草	18.987	12.702	33.1	12
8	菹草	20.345	10.864	46.6	7
9	伊乐藻	20.589	13.156	36.1	11
10	海菜花	21.348	10.909	48.9	6
11	金鱼藻	20.089	5.565	72.3	3
12	马来眼子菜	22.098	9.524	56.9	5
13	空白对照水样	22.121	15.241	31.1	

试验结果表明，无土栽培的情况下，东大河河口现有的主要植物物种均能茁壮成长，对水中污染物 TN、TP 及 COD 均表现出较高的去除率。在对总磷的试验

中，去除率从高到低依次为：菹草、马来眼子菜、狐尾藻、伊乐藻、金鱼藻、红线草、芦苇、海菜花、水葱、茭草、水芹菜、鸢尾；在对总氮的试验中，去除率从高到低依次为：芦苇、水葱、茭草、鸢尾、金鱼藻、菹草、水芹菜、红线草、海菜花、马来眼子菜、伊乐藻、狐尾藻；在对有机物负荷的试验中，去除率从高到低依次为：芦苇、鸢尾、金鱼藻、茭草、马来眼子菜、海菜花、菹草、水芹菜、水葱、狐尾藻、伊乐藻、红线草。TN、TP 和 COD 的净化结果显示，挺水植物芦苇、水葱、鸢尾等对总氮和有机物去除率相对较高，而沉水植物菹草、马来眼子菜、狐尾藻等对总磷保持较高的去除率。但总体来说，水生植物对氮的去除率较高，而对总磷的去除效果不显著，这与国内外学者研究的结果是一致的[11~13]。

表3-3 ~ 表3-7 的结果还表明，在水生植物净化河水的过程中，每种水生植物去除污染物的效果不同，同种植物去除不同污染物的效果也不尽相同。因此，在自然界很难找到一种植物对所有的污染物都保持较高的净化效率。这也就是微污染水体修复中选择多种植物搭配的原因[14,15]。

3.2.3　选择植物的综合评价

从 3.2.2 节的静态试验可以看出，植物对氮磷、有机物的净化效果各不相同。评价植物的好坏以及移栽的适宜性等，不能仅从净化效果上来看，往往还要考虑地理位置、移栽培植的难易程度、水体的污染负荷等多方面综合评价。根据本次试验结果和进行的专家咨询，将对不同植物的评价如表3-8 所示。

表3-8　水生植物的综合评价

植物名称	分析指标				
	除氮能力	除磷能力	除 COD 能力	易成活性	适用性
芦苇	+++	++	+++	+++	++
鸢尾	+++	+	+++	+++	+++
茭草	+	+	+++	++	+
水葱	+++	+	++	++	+
水芹菜	+++	++	++	+++	+++
金鱼藻	+++	++	+++	++	+
马来眼子菜	+++	++	++	++	++
海菜花	+++	++	++	++	+++
菹草	++	++	++	++	+
狐尾藻	+++	+	+	++	+
红线草	++	+	+	+	+
伊乐藻	++	+	+	+	+

注：净化污染物能力：三个"+"表示净化效率在60%以上，两个"+"表示净化效率在40%以上，一个"+"表示在30%以上；适用性：三个"+"表示经济价值最高或有景观价值，两个"+"表示经济价值一般；易成活性：三个"+"栽培及成活较容易，两个"+"次之。

从去除氮磷、有机物、易成活性和适用性五个方面综合考虑，则在所选挺水植物中，以芦苇和水芹菜最优，鸢尾和水葱次之，菱草最差；在所选沉水植物中，以海菜花和金鱼藻最优，马来眼子菜、菹草和狐尾藻次之，红线草和伊乐藻最差。

因此，后续示范工程的挺水植物优先选择芦苇、水芹菜和鸢尾，沉水植物优先选择海菜花和金鱼藻，其他植物进行点缀性混配。

3.3 生物量与净化效果关系分析

前置库净化湖库水质的实质是水生植物及存在的微型动物的作用[16,17]，也就是与生物量的大小关系甚大。同时，前置库内通过收割生物量来带走氮磷等污染物，实现从水体将氮磷等污染物移除的目的。因此，净化效率可选择生物量来间接确定其净化效率[18]，这样工程的运行可以通过收割生物量的大小，来确定每年从前置库区移除的氮磷等污染物，方法简便易行。

为了确定生物量与氮磷等污染物去除量的关系，在静态实验过程中，特别选择了芦苇、水芹菜、鸢尾、海菜花和金鱼藻进行培养。自2007年3月至2007年8月在试验区进行围隔试验，通过测定生物量的变化和污染物的浓度差，来确定生物量与污染物去除量的关系。试验前后生物量与氮磷含量变换关系见表3-9。利用氮磷改变量对生物量增加量进行绘图，见图3-1和图3-2。

表3-9 围隔试验氮磷素吸收量与生物量改变统计结果

测定项目	芦苇	鸢尾	水芹菜	海菜花	金鱼藻
试验前生物量干重/g	638.8	58.9	59.8	26.6	33.6
试验后生物量干重/g	786.9	81.6	163.2	39.7	56.1
生物量增加量干重/g	148.1	22.7	103.4	13.1	22.5
试验前含氮量/mg·kg^{-1}	2383.5	157.9	354.4	121.4	48.9
试验后含氮量/mg·kg^{-1}	2936.1	218.7	967.2	181.2	81.7
氮元素改变量/Δmg	552.6	60.8	612.8	59.8	32.8
氮/生物量/Δmg·kg^{-1}	3731.3	2678.3	5926.5	4656.5	1457.8
试验前含磷量/mg·kg^{-1}	197.3	14.9	36.1	10.89	4.22
试验后含磷量/mg·kg^{-1}	246.9	20.78	85.4	15.77	7.83
磷元素改变量/Δmg	49.6	5.88	49.3	4.88	3.61
磷/生物量/Δmg·kg^{-1}	334.9	259.0	476.8	372.5	160.4

从表3-9可以看出，芦苇、鸢尾、水芹菜、海菜花和金鱼藻氮去除量与生物量增加值的比例分别达到 3731.3mg/kg、2678.3mg/kg、5926.5mg/kg、4656.5mg/kg 和 1457.8mg/kg。单位生物量增加值中，水芹菜的去除量最大，海

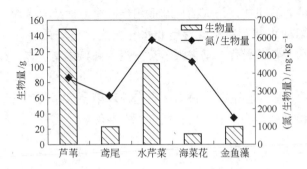

图 3-1　生物量改变量与氮去除量的关系

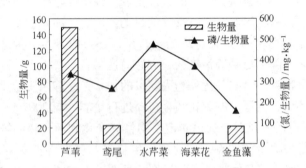

图 3-2　生物量改变量与磷去除量的关系

菜花次之，金鱼藻最小。对照图 3-1 和图 3-2 可以发现，氮磷的去除存在正相关性，磷的去除量随着氮去除量的增加而增加，反之亦然。进一步对氮磷比作图（图 3-3）结果表明，氮磷去除量的比值基本稳定在 9～12 之间。在后续的试验中，我们可以利用这种氮磷去除量存在的相关关系，简化我们的试验测定，如通过测定磷酸盐的浓度，进而可以推断前置库中氮元素的去除量，这将大大提高我们实验室分析数据的效率。

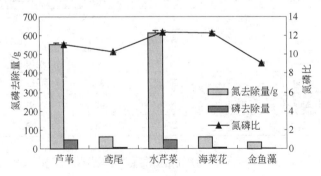

图 3-3　氮磷去除量的相关性分析

3.4　本章小结

本章通过对滇池流域特别是前置库工程示范区水生生物现场调查，初步掌握了前置库区的主要动植物分布情况。并初步筛选出挺水植物 5 种：茭草、芦苇、水葱、鸢尾、水芹菜；沉水植物 7 种：狐尾藻、红线草、菹草、伊乐藻、海菜花、金鱼藻、马来眼子菜。将这些植物进行了室内无土栽培试验及现场围隔试验，结果显示河水能够满足植物的生长需要，植物对氮磷、有机物等保持着较高的净化效率。

从去除氮、磷、有机物、易成活性和适用性五个方面综合考虑，确定了前置库适宜栽培的植物种类：挺水植物优先选择芦苇、水芹菜和鸢尾；沉水植物优先选择海菜花和金鱼藻，其他植物进行点缀性混配。

本章还对生物量与去除量的关系进行了研究，特别是发现氮磷去除量存在正相关关系，二者的去除量之比一般保持在 9～12 之间，这将大大提高前置库示范工程研究中数据处理的效率。

参考文献

[1] 赵俊杰. 面源污染控制的前置库生态系统的构建技术研究［D］. 河海大学硕士学位论文, 2005, 6.

[2] 王宜明. 人工湿地净化机理和影响因素探讨［J］. 昆明冶金高等专科学校学报, 2000, 16 (2)：1～6.

[3] 张鸿, 陈光荣, 等. 两种人工湿地中氮、磷净化率与细菌分布关系的初步研究［J］. 华中师范大学学报（自然科学版）, 1999, 33 (4)：575～578.

[4] 陈长太. 人工湿地处理污染河水试验研究. 河海大学硕士学位论文［D］, 2003, 6.

[5] 秦伯强, 胡维平, 陈伟民, 等. 太湖水环境演化过程与机理［M］. 北京：科学出版社, 2004.

[6] Rodier, Aubert Le Bouteiller, Michel Kulbicki. Plankton biomass and production in an open atoll lagoon：Uvea, New Caledonia［J］, Journal of Experimental Marine Biology and Ecology. 1997, 212 (2)：87～210.

[7] Sas H. Lake Restoration by Reduction of Nutrient Loading：Extractions Experience［J］. Extrapotation Academia. 1989, 497.

[8] 宋海亮, 吕锡武, 稻森悠平. 水生植物床预处理富营养化水源水中试研究［J］. 给水排水, 2004, 30 (8)：8～12.

[9] Lehmann A, Lachavanne J B. Changes in the water quality of lake geneva indicated by submerged macrophytes［J］. Freshwater Biology, 1999, 42：457～466.

[10] 龚震. 滇池大型水生植物群落恢复示范工程［M］. 昆明：云南科技出版社, 2003.

[11] 宋海亮, 吕锡武, 李先宁, 等. 水生植物滤床处理太湖入湖河水的工艺性能［J］. 东南大学学报（自然科学版）, 2004, 6：180～183.

[12] Coveney M F, Stites D L, Lowe E F, et al. Nutrient removal from eutrophic lake water by wetland filtration [J]. Ecological Engineering, 2002, 19 (2): 141~159.

[13] Woltemade C J. Ability of restored wetlands to reduce nitrogen and phosphorus concentrations in agricultural drainage water [J]. Soil Water Cons, 2000, (3): 303~309.

[14] 高吉喜, 叶春, 杜娟, 等. 水生植物对面源污水净化效率研究 [J]. 中国环境科学, 1997, 3: 247~251.

[15] Lehmann A, Castella E, Lachavanne J B. Morphological traits and spatial heterogeneity of aquatic plants along sediment and dept gradients, Lake Geneva, Switzerland [J]. Aquatic Botany. 1997, 55: 281~299.

[16] C A Hill, W D Ranney. A proposed Laramide proto- Grand Canyon [J]. Geomorphology, 2008, 102: 482~495.

[17] Lothar Paula, Klaus Putz. Suspended matter elimination in a pre-reservoir with discharge dependent storage level regulation [J]. Limnologica, 2008, 38: 388~399.

[18] Anna Lloyda, Bradley Law, Ross Goldingay. Bat activity on riparian zones and upper slopes in Australian timber production forests and the effectiveness of riparian buffers [J]. Biological Conservation, 2006, 129: 207~220.

[19] 吴建强, 黄沈发, 吴健, 等. 缓冲带径流污染物净化效果研究及其与草皮生物量的相关性 [J]. 湖泊科学, 2008, 20 (6): 761~765.

[20] P Aravind, M Prasad, et al. Zinc protects Ceratophyllum demersum L. (free-floating hydrophyte) against reactive oxygen species induced by cadmium [J]. Journal of Trace Elements in Medicine and Biology, 2009, 23 (1): 50~60.

4 泥沙及吸附剂基础试验

大量的试验结果表明，在前置库及湖泊水库的生物净化中，生物本身对颗粒磷（PP）去除率较差[1]。实际上，颗粒磷也主要是通过沉降到水底进而转化为泥磷，通过底泥微生物的厌氧作用，进而转化为其他活性磷（SRP）和有机磷，也可以随着风浪等返回到水面，这也是浅水湖泊藻类暴发的主要原因之一[2,3]。

前置库示范工程建设初期，通过大型的吸泥机将前置库区的淤泥清出。也就是说前置库建设初期，库区内为新鲜的底泥，此时的底泥可以认为氮磷是天然低背景值。采集新鲜底泥做氮磷吸附试验，可以估算底泥吸附氮磷的能力，示范工程运行后通过清淤量可估算底泥中的氮磷量，与水生植物吸附量及强化措施去除量结合，就可以计算前置库的总净化效率[4~6]。

国内外学者对泥沙吸附污染物进行了卓有成效的研究。黄岁樑等[7~10]采用室内试验的方法，研究了泥沙和重金属的初始浓度、泥沙颗粒粒径等对重金属吸附的影响；李崇明、赵文谦等对泥沙吸附石油也进行了试验研究[11]。吕平毓[12]、王晓青[13]等人也曾对长江流域的泥沙悬浮质对磷的吸附解析过程进行了研究。但是，对河流中、特别是进入前置库长时间停留过程中，泥沙固体颗粒对水体中氮、磷等营养性污染物的吸附解吸规律、固液吸附规律等的研究至今还处于初步探索阶段[14]。稀土吸附剂因为其吸附容量大，在水处理行业也越来越受到重视[15~18]，但将其运用在河道及前置库中在国内外还没有报道。

4.1 吸附等温线模型

4.1.1 Herny 吸附等温式

Herny 吸附等温式又称线性吸附等温式，由 Henry 定律发展而来，可以表述为：

$$q_e = k_d \cdot C_e \tag{4-1}$$

式中　q_e——吸附平衡时单位泥沙/吸附剂上所吸附的污染物量，mg/g；

C_e——吸附平衡时水相中污染物的浓度，mg/L；

k_d——分配系数，表示吸附平衡时，污染物在泥沙/吸附剂相和水相中的分配比。该常数与吸附剂的性质和用量，吸附质的性质及吸附温度等有关。

4.1.2　Freundlich 吸附等温式

Freundlich 吸附模式的数学表达式为：

$$q_e = k_f \cdot C_e^{\frac{1}{n}} \tag{4-2}$$

式中，k_f 和 n 为常数，其他符号意义同前。

将式（4-2）两边取对数，即得到线性方程：

$$\lg q_e = \lg k_f + \frac{1}{n} \lg C_e \tag{4-3}$$

并以 $\lg C_e$ 为横坐标，$\lg q_e$ 为纵坐标，可以绘出二者之间关系的直线。根据直线的斜率和截距，可以得出 Freundlich 吸附等温式中的参数 n 和 k_f。

4.1.3　Langmuir 吸附等温式

根据 Langmuir 假设和吸附动力学推导的 Langmuir 吸附等温式为：

$$q_e = \frac{k_1 C_e}{1 + k_1 C_e} q_m \tag{4-4}$$

式中，q_m 为泥沙/吸附剂对污染物的最大吸附量，mg/g；k_1 为吸附速率系数，其他符号意义同前。

将式（4-4）进行变换得：

$$\frac{C_e}{q_e} = \frac{1}{k_1 q_m} + \frac{1}{q_m} C_e \tag{4-5}$$

式（4-5）表明，C_e/q_e 与 C_e 存在线性关系，根据试验数据拟合得出反映 C_e/q_e 与 C_e 关系的一条直线，由直线截距和斜率可得 q_e 和 k_1。

根据多数人研究的结果及本书的初期试验，低浓度下颗粒吸附过程往往符合 Langmuir 模式或 Freundlich 模型。

4.2　前置库区鲜泥吸附试验

4.2.1　试验鲜泥沙采集过程

河流泥沙采集过程为：首先将氮磷污染的上层污泥约 0.6m 用吸泥机挖出，再取下层的新鲜泥土，并将其充分混合，用蒸馏水浸泡 2d 以上，浸泡期间经常换水并搅动，尽量去除吸附在泥沙表面上的污染物，以减小它们对试验的影响。然后在烘箱中 105℃ 烘干，轻轻研细，并放在干燥器中低温保存备用。

4.2.2　氮磷标液及水样配制

（1）氮磷标液配制。按国家标准配制氮磷标准储备液。试验前，将氮磷标准储备液用蒸馏水稀释、混匀，得到不同的标准使用液。

（2）试验水样的配制。试验用水采用实验室自制的去离子水。准备4组容积为200mL的三角烧瓶，加入试验用水、试验用新鲜泥沙和磷标准液（总氮标液），配制成含鲜泥量分别为 1.0kg/m³、2.0kg/m³、2.5kg/m³ 和 3.0kg/m³。在含泥沙量相同的各组烧瓶中，加入总磷初始浓度分别为 0mg/L、0.25mg/L、0.5mg/L、0.8mg/L、1.0mg/L、1.5mg/L、2.0mg/L、2.5mg/L、3.0mg/L、3.5mg/L 共10个水样，每个水样总体积为150mL，pH值为7~8。

氮吸附试验中，加入总氮初始浓度分别为 0mg/L、1.0mg/L、1.5mg/L、2.5mg/L、3.5mg/L、5.0mg/L、7.0mg/L、9.5mg/L、12.0mg/L、14.5mg/L 共10个水样，其他同总磷的吸附条件。

4.2.3 试验过程分析

4.2.3.1 试验操作条件

将配制好的4组试验水样放入恒温振荡箱，三角烧瓶固定，恒温箱设定温度为16℃。而振荡速度的设定在200r/min（前期的储备试验结果显示，本速率下水不上溅而速率恰当）。

4.2.3.2 水样采集及分析

在试验的初始时刻，从含泥沙量不同的4组试验水样中各取出一个试验水样，混合均匀后，经孔径为 0.45μm 微孔滤膜过滤，取得上清液样品，每个试样均取3个平行样品。然后间隔一段时间取一次水样，测定该时刻水样的磷氮浓度，根据前面的准备试验的结果，确定总过程为36h。

根据各个清水样磷氮的浓度值、泥沙的背景值、体系中磷氮的初始浓度值，以及原试验水样的含沙量，计算得到相应水样的吸附量。分析方法及过程见第二章的内容。

4.2.4 鲜泥吸附氮磷结果讨论

4.2.4.1 不同初始浓度对平衡吸附量的影响

水相氮磷初始浓度对平衡吸附量的影响见图 4-1 和图 4-2 图中数据点为试验点。

从试验结果可以看出，单位质量泥沙的平衡吸附量随水相初始浓度的变化趋势基本相同，氮磷的最大吸附量分别达到 0.33mg/g 和 1.15mg/g。单位质量泥沙的氮磷平衡吸附量随水相氮磷初始浓度的增大而增大，变化速度在低浓度区较大，当水相氮磷初始浓度增大到一定值后，平衡吸附量随初始浓度的变化量减小。这是由于泥沙对氮磷存在最大吸附量的缘故。此外，部分试验数据显示，在高浓度区，随着水相氮磷初始浓度的增大，单位质量泥沙对氮磷的平衡吸附量反

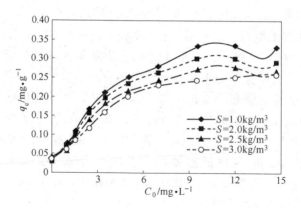

图 4-1　氮平衡吸附量与初始浓度变化关系

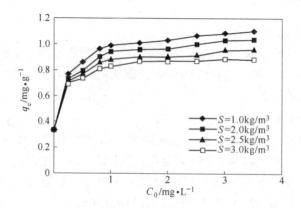

图 4-2　磷平衡吸附量与初始浓度变化关系

而有所减小。这可能是由于随着氮磷初始浓度的增大，水体的化学特性，如 pH 值、盐度等发生变化引起的[18]。

4.2.4.2　泥沙含量对氮磷吸附等温线的影响

根据泥沙吸附氮磷的平衡吸附试验结果，分别采用式（4-3）和式（4-5）对试验数据进行拟合，得到该泥沙含量条件下的吸附等温式参数 q_e、k_1 和 k_f、$1/n$。拟合参数的结果如表 4-1 和表 4-2 所列，表中的拟合参数平均值为不考虑泥沙含量的影响，把 4 组试验数据放在一起拟合的结果。

表 4-1　磷酸盐泥沙吸附等温式参数拟合结果

泥沙含量 /kg·m⁻³	Langmuir 拟合结果			Freundlich 拟合结果		
	q_e	k_1	相关性 R^2	k_f	$1/n$	相关性 R^2
1.0	1.623	7.644	0.993	1.662	4.333	0.959
2.0	1.896	6.891	0.971	1.591	4.901	0.913

泥沙含量 /kg·m⁻³	Langmuir 拟合结果			Freundlich 拟合结果		
	q_e	k_1	相关性 R^2	k_f	$1/n$	相关性 R^2
2.5	1.986	7.091	0.998	1.601	3.999	0.885
3.0	1.938	6.551	0.938	1.499	4.875	0.911
平均值	1.966	7.031	0.988	1.559	4.551	0.889

从表 4-1 可以看出,在泥沙量相同的条件下,泥沙对磷的吸附符合 Langmuir 和 Freundlich 等温吸附方程,但用 Langmuir 吸附等温式拟合的相关系数更高。此外,从吸附等温式的拟合参数来看,不同泥沙量试验数据的吸附等温式拟合参数的数值存在一定差异,但是它们不存在明显的单调递增或单调递减的趋势。同时,对比不同含沙量试验的拟合参数也可以看出,不同含沙量条件下拟合的吸附等温式参数之间,以及它们与不考虑含沙量差异的拟合参数之间的差值很小,它们的差值基本上属于同一数量级。这与王晓青等人的研究结论相吻合,主要差异应是由泥沙采集区域差异造成的[12,13,19,20]。

从理论上来讲,水体泥沙量的增大或减小应该不会影响泥沙本身的性质。虽然泥沙量的变化存在可能改变水体的化学特性,进而影响泥沙对磷的等温平衡吸附的吸附等温线,但是本试验所用泥沙均经蒸馏水长时间浸泡,其对水体的化学特性的改变很小。由此可以认为,不同泥沙量条件下得出的吸附等温式拟合参数之间的差异是由试验误差引起的。也就是说,泥沙量的变化对磷吸附等温式的拟合参数没有显著影响,这与吕平毓对长江流域的悬移质含量对磷酸盐的吸附、解析的研究结果较为吻合[12]。

从表 4-2 可以看出,在泥沙量相同的条件下,泥沙对氮的吸附符合 Freundlich 等温吸附方程,利用 Langmuir 吸附等温式拟合的相关系数较差。同时,对比不同含沙量试验的拟合参数也可以看出,不同含沙量条件下拟合的吸附等温式参数之间,以及它们与不考虑含沙量差异的拟合参数之间的差值亦很小,它们的差值基本上属于同一数量级,也就是说,泥沙量对吸附行为的影响较小。

表 4-2 氮吸附等温式参数拟合结果

泥沙含量 /kg·m⁻³	Langmuir 拟合结果			Freundlich 拟合结果		
	q_e	k_1	相关性 R^2	k_f	$1/n$	相关性 R^2
1.0	0.323	5.646	0.782	0.686	1.453	0.996
2.0	0.496	3.236	0.790	0.706	1.361	0.996
2.5	0.387	4.889	0.838	0.666	1.502	0.989
3.0	0.501	6.098	0.737	0.784	1.409	0.997
平均值	0.477	5.033	0.751	0.745	1.412	0.976

因此，河流泥沙对氮磷均有一定程度的去除，但是从长期来看，若不及时清淤，这些沉降下来的污染物又会在适当的条件下（如低 pH 值、低氧化还原电位和厌氧环境等），转化为溶解态物质重新进入河库，形成二次污染[21,22]。这也是浅水湖泊（如滇池）在春夏之交常常发生大面积蓝藻暴发的原因[23]。

4.2.4.3　吸附动力学

试验中投加泥沙量不少于 $10kg/m^3$，TN 初始浓度 $1mg/L$、TP 初始浓度 $0.5mg/L$。间隔一定的时间测量水中污染物浓度，并对 C-$\ln t$ 作图，结果见图 4-3 和图 4-4。

从图中可以看出，泥沙对磷的吸附速率较快，在很短的时间内可以实现大部分沉降和吸附。而对 TN 的吸附量有限，且与时间的对数呈直线关系。不同的 C-$\ln t$ 曲线形状表明，泥沙对氮磷的吸附属于不同的类型，这与表 4-1 和表 4-2 的结果相关，即不同类型的吸附类型其吸附速率也将明显不同。

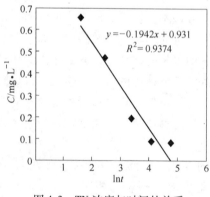

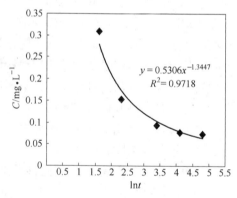

图 4-3　TN 浓度与时间的关系　　　　图 4-4　TP 浓度与时间的关系

4.3　稀土吸附剂吸附试验

4.3.1　试验水样及吸附试验

水样采用图 4-2 中的配制方法，水质指标的测定分析方法见第 2 章相关内容。污染物含量对吸附效果的影响试验中，分别称取 120μm 以下吸附剂 1.00g 加入到不同浓度的溶液中，置于 20℃恒温振荡摇床，36h 后过 0.45μm 醋酸纤维滤膜，测定滤液氮磷浓度；吸附剂用量对吸附作用的影响考察中，分别称取 120μm 的吸附剂（0.00g、0.50g、1.00g、1.50g、2.00g、4g）加入到 150mL 受试水样中，置于 20℃恒温振荡摇床，36h 后过 0.45μm 醋酸纤维滤膜，测定滤液氮磷含量。

4.3.2 吸附试验结果讨论

4.3.2.1 吸附等温线特点

稀土吸附剂吸附氮（TN）、磷（TP）的过程见图 4-5 和图 4-6。可以看出，在低浓度污染河水的吸附试验中，自制的稀土吸附剂对于氮磷的吸附平衡量最大分别达到 10.8mg/g 和 23.8mg/g。与泥沙吸附氮磷的试验结果比较可以发现，稀土吸附剂吸附氮磷的能力分别提高了 32.7 倍和 21 倍，都有明显的改善，而且稀土吸附剂吸附的氮磷在 pH 值和氧化还原电位变化的情况下，不易于发生再次悬浮，从而可以通过清淤得到根本的清除氮磷的目的。

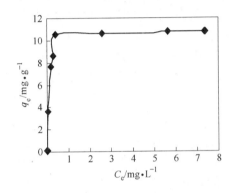

图 4-5　稀土吸附剂吸附 TN 的等温线　　　图 4-6　稀土吸附剂吸附 TP 的等温线

随着吸附的进行吸附的表面反应能趋于增大，较符合 Freundlich 的吸附规律曲线[24]，即吸附量与吸附平衡浓度二者的对数呈线性关系。分析试验数据对 Freundlich 拟合线性较好，氮磷拟合方程的相关系数 R 分别达到 0.9888 和 0.9857。具体见表 4-3。

表 4-3　吸附剂吸附动力学拟合结果

吸附情况	Freundlich 方程	K_f 值	$1/n$ 值	R^2
吸附剂除磷	$\lg q_e = 0.5172 \lg C_e + 1.0061$	10.14	0.5172	0.9717
吸附剂除氮	$\lg q_e = 0.7790 \lg C_e + 1.1118$	12.94	0.7790	0.9765

系数 K_f 和 n 表征吸附剂的吸附性能，数值越大表明吸附性能越好。宁平[25]等人对沸石及镧改性的沸石的试验结果表明，稀土改性沸石进行除磷脱氮，Freundlich 的参数 K_f 和 n 值都提高达到数量级的差别。稀土吸附剂参数 $1/n$ 在 0.1~1.0 范围内，稀土吸附剂对氮磷是易于吸附的，制备的稀土吸附剂极大地提高了载体沸石对磷的去除能力，同时对氨氮的去除率也有不同程度的提高，可以满足河道污水除磷脱氮的目的。

4.3.2.2 污染物含量对吸附效果的影响

水体受污染的程度也是影响吸附剂吸附污染物性能的影响因素之一[26]，污染物在吸附剂和水体之间存在一个平衡，当水体污染物含量较高时，污染物通过界面由液相转化至吸附剂表面及内孔固相，而当水体污染物含量很低时，特定条件下吸附剂颗粒表面的污染物可能释放进入水体，这一过程受到很多因子如温度、pH值、溶解氧、动力强弱等影响。图 4-7 和图 4-8 是吸附剂对不同污染程度水体的净化效果（投加吸附剂量均为 1mg/L 水），这些不同污染程度的水体是经过原始高污染水体与蒸馏水配制而成的。

由图 4-7 和图 4-8 可知，随污染物含量增加，吸附剂吸附氮磷的绝对值都在增加，但随着污染物浓度的增加，吸附相对量在减少，即稀土吸附剂适宜于低浓度污水的净化，而对高浓度的污水吸附净化效率较差。从图 4-6 可以看出，磷的浓度维持在 0.1 ~ 0.5mg/L 时，其去除率稳定在 86% 以上，效果较好。对入湖河水的原水监测结果表明，进水污染物浓度较低，因此，用稀土吸附剂是可行的。

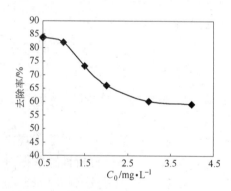

图 4-7 总氮初始浓度对去除效果的影响

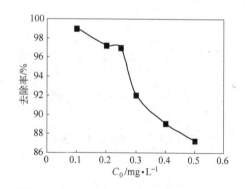

图 4-8 总磷初始浓度对去除效果的影响

4.3.2.3 吸附剂用量对吸附效果的影响

本次试验选用东大河河水，TN、TP 初始浓度分别为 TN 4.0mg/L 和 TP 0.087mg/L。在吸附剂从 0 ~ 4g 的投加过程中，我们发现氮磷去除率在增加，但增加趋势随着投加量逐渐变缓。0 ~ 1.5g 这一过程随着投加量污染物去除率提高加快，在 1.5 ~ 4g 过程中已经不很明显，也就是说 1.5g 的投加量是最为经济的，此时氮磷的去除率稳定在 77% 和 92%（见图 4-9）。

4.3.2.4 吸附动力学

试验中投加吸附剂量 1.5g/m³，TN 初始浓度 5.0mg/L、TP 初始浓度 1.5mg/L。间隔一定的时间测量水中污染物浓度，并对 lnq-lnt 作图，结果见图 4-10 和图 4-11。从图中可以看出，吸附剂吸附氮磷的过程符合双常数速率方程（4-6）。

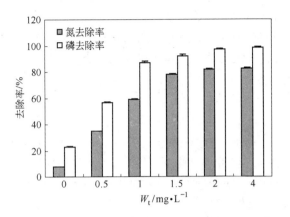

图4-9 吸附剂用量对氮磷去除率的影响

$$\ln q = \frac{1}{m}\ln t + a \qquad (4-6)$$

从图4-10和图4-11中可以看出，二者吸附过程与方程吻合较好，且吸附剂对磷的吸附速率快于对氮的吸附。这与本书的研究结果较为一致，TP一般在30min内被吸附剂吸附率达到90%以上，而吸附剂对氮的吸附相对缓慢，且吸附量较少。

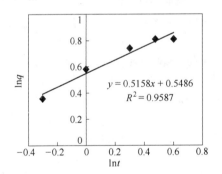

图4-10 TN去除过程 lnq-lnt 的关系曲线

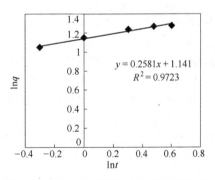

图4-11 TP去除过程 lnq-lnt 的关系曲线

4.4 本章小结

通过前置库区采集的鲜泥吸附氮磷试验，与稀土吸附剂吸附氮磷试验的对比，我们发现稀土吸附剂特别适宜净化低浓度污染河水。在利用低浓度污染河水的吸附试验表明，稀土吸附剂吸附氮磷的过程符合Freundlich吸附模型，相关系数较高。在TN、TP的浓度为4mg/L和0.087mg/L的低浓度下，最大吸附氮磷量达到10.8mg/g和23.8mg/g，与泥沙相比稀土吸附剂吸附氮磷的能力分别提高32.7倍和21倍，而且吸附饱和后在河道的环境中不易发生再次释放，从而可以通过清淤来移出河水中的氮磷等污染物。

另外，通过泥沙及吸附剂吸附氮磷的基础研究，将有利于理解和探索前置库区的氮磷平衡，有利于探索前置库各功能单元去除氮磷的贡献及机理，丰富了前置库系统的理论内涵。

参考文献

［1］Klaus Pütz, Jürgen Benndorf. The importance of pre-reservoirs for the control of eutrophication of reservoirs ［J］. Wat. Sc. Tech. Vol. 37 (1998), 2, 317~324.

［2］Lothar Paul. Nutrient elimination in pre-reservoirs: results of long term studies ［J］. Hydrobiologia, 2003, 504: 289~295.

［3］Thomas Deppe, Jürgen Benndorf. Phosphorus reduction in a shallow hypereutrophic reservoir by in-lake dosage of ferrous iron ［J］. Water Research, 2002, 36: 4525~4534.

［4］Paul E Grams, John C. Schmidt. Streamflow regulation and multi-level flood plain formation: channel narrowing on the aggrading Green River in the eastern Uinta Mountains, Colorado and Utah ［J］. Geomorphology, 2002, 44: 337~360.

［5］Eric G, Ross K M. Effects of dam operation and land use on stream channel morphology and riparian vegetation ［J］. Geomorphology, 2006, 82: 412~429.

［6］Lothar Paul, Klaus Pütz. Suspended matter elimination in a pre-reservoir with discharge dependent storage level regulation ［J］. Limnologica, 2008, 38: 388~399.

［7］黄岁樑，万兆惠，张朝阳. 泥沙粒径对重金属污染物吸附影响的研究 ［J］. 水利学报，1994, 10 (10): 38~42.

［8］黄岁樑，万兆惠. 河流泥沙吸附-解吸重金属污染物试验研究现状（二）［J］. 水利水电科技进展，1995, 15 (2): 27~29.

［9］黄岁樑，万兆惠. 河流泥沙吸附-解吸重金属污染物试验研究现状（一）［J］. 水利水电科技进展，1995, 15 (1): 25~30.

［10］黄岁樑，万兆惠，王兰香. 不同粒径泥沙解吸重金属污染物静态实验研究 ［J］. 水动力学研究与进展，1995, 10 (2): 28~31.

［11］李崇明，赵文谦. 河流泥沙对石油的吸附解吸规律及影响因素的研究 ［J］. 中国环境科学，1997, 17 (1): 23~26.

［12］吕平毓，黄文典，李嘉. 河流悬移质对含磷污染物吸附试验研究 ［J］. 水利水电技术，2005, 10, 93~96.

［13］王晓青，李哲，吕平毓，等. 三峡库区悬移质泥沙对磷污染物的吸附解吸特性 ［J］. 长江流域资源与环境，2007, 16 (1): 31~36.

［14］Chapman D. Water quality assessment: a guide to the use of biota, sediment and water in environmental monitoring ［M］. London, UK, Chapman & Hall, 1992: 251~264.

［15］丁文明，黄霞. 水合氧化镧吸附除磷研究 ［J］. 环境科学，2003, 9 (5): 63~68.

［16］李彬，宁平，陈玉保，等. 稀土镧改性沸石除磷脱氮研究 ［J］. 武汉理工大学学报，2005, 9: 23~36.

[17] M J Haron, S A Wasay, S Tokunaga. Preparation of Basic Yttrium Carbonate for Phosphate Removal [J], Wat. Env. Res. , 1997, 69 (5): 88~93.

[18] B Li, X W Lv. Nitrogen and Phosphate Removal by Zeolite-Rare Earth Adsorbents [C]. 2009 Conference on Environmental Science and Information Application Technolog, China, Wuhan 536~540.

[19] 赵宏宾, 刘莲生, 张正斌. 海水中磷酸盐在固体粒子上阴离子交换作用——海水中磷酸盐固体粒子相互作用的 V 形交换率—pH 曲线 [J]. 海洋与湖沼, 1997, 28 (3): 294~301.

[20] 郭长城, 喻国华, 王国祥. 河流泥沙对污染河水中污染物的吸附特性研究 [J]. 生态环境, 2006, 15 (6): 1151~1155.

[21] Appan A, Wang H. Sorption isotherms and kinetics of sediment phosphorus in a tropical reservoir [J]. Journal of Environ. Eng. ASCE, 2000, 126 (11): 993~998.

[22] Tara R, Stephen R. Comparisons of P-yield, riparian buffer strips, and land cover in six agricultural watersheds [J]. Ecosystems, 2002, 5: 568~577.

[23] Das C, Capehart W J, Mott H V, et al. Assessing regional impacts of conservation reserve program-type grass buffer strips on sediment load reduction from cultivated lands [J]. Journal of Soil and Water Conservation, 2004, 59 (4): 134~142.

[24] 李彬. 稀土吸附剂微污染水深度除磷研究 [D]. 昆明: 昆明理工大学硕士学位论文, 2005, 12.

[25] Ning Ping, BART Hans-J, Li Bin, et al. Phosphate removal from wastewater by model-La (Ⅲ) zeolite adsorbents [J]. Journal of Environmental Sciences, 2008, 20: 670~674.

[26] 陈杨辉, 吕锡武, 吴义锋. 生态护砌模拟河道对氮系污染物的去除特性 [J]. 环境科学, 2008, 29 (8): 2172~2175.

5 前置库现场研究

本章在充分吸收国内外已有成果的基础上，引入了稀土吸附剂来强化前置库的净水功能，同时自行研制并设计了高原前置库生态防护墙（专利申请号：200820081535.6），用于进入滇池河流东大河污染物的削减示范工程。经典前置库[6,7]系统通过物理化学及生物强化后，对河流中的主要污染物氮磷、有机物、SS 等去除率明显提高。生物稳定性研究结果表明，前置库系统运行良好，微生物及生态系统向好的方向发展的趋势明显。

5.1 前置库系统的构建

5.1.1 工程示范区概况

5.1.1.1 区域气候条件

工程示范区位于云南高原中部（见图5-1），属亚热带季风气候。湿季（5～

图 5-1   示范工程区卫星图

10月）受孟加拉湾和北部湾海洋暖湿气流的影响，湿度大，降水丰沛；干季（11月~次年4月）受印度大陆干暖气流和我国北部干冷气流控制，干旱少雨，日照充足，空气干燥，具有干、湿季分明的气候特点。

根据晋宁气象站实测气象资料统计，多年平均气温14.7℃，气温最高的7月平均气温19.5℃，气温最低的1月平均气温10.9℃，极端气温分别为31.4℃和-3.0℃；多年平均年降雨量为899.5mm，降雨量年内分配极不均匀，雨季（5~10月）降水量占全年降雨量的85.9%，干季（11月~次年4月）降水量占全年降雨量的14.1%；流域暴雨多发生在6~8月，5月及9~10月也偶有暴雨发生。暴雨历时短，强度大，邻近的晋宁气象站自1980年有雨量记录以来，最大1h和6h降水量均发生在2000年7月28日，分别为63.8mm和65.5mm；最大24h降水量发生在1990年6月24日，为103.0mm；多年平均日照时数2283.2h；多年平均蒸发量（20cm蒸发皿）1746.5mm；多年平均相对湿度75%。多年平均风速3.0m/s，主导风向为西南向，最大风速为15.0m/s，风向为西南向。

5.1.1.2 地质概况

东大河沿线位于铁所山断裂与温泉岭-余家海弧形断裂东端之间的地块上，沿线均被第四系冲击、洪积物覆盖，成分主要为砂、卵石及砂质黏土，厚度3~20m。下伏地层为昆阳群黑山头组（Pt_1^{hs}）的板岩、变质石英砂岩夹石英岩；震旦系南沱组（Z_b^n）的暗红色粉细砂岩、页岩；陡山沱组（Z_b^d）的中细石英砂岩、页岩。由于受弧形断裂的控制，岩层产状呈走向北东，倾向南东，倾角30°~35°。河谷两岸山体自然坡度15°~45°。局部地段较陡，可达60°以上。地表普遍被第四系坡积物所覆盖。

5.1.1.3 水位分析

项目区位于滇池外海，滇池的控制水位为：

特枯水年对策水位   1885.2m
最低工作水位   1885.5m
正常高水位   1887.4m
汛期限制水位   1887.0m
20年一遇最高洪水位   1887.5m
50年一遇最高洪水位   1887.63m
100年一遇最高洪水位   1887.74m

5.1.1.4 水文概况

东大河为金沙江水系普渡河流域滇池的一级支流。该河发源于双龙水库东南面的干海孜（海龙）白泥箐，流经清水河村北面过昌家营，与来自石官坡、后所山及挖矿坡的山箐水在小河口汇入双龙水库，水出库以后向东北方向流至大沙滩汇集洛武河箐水，行至乌龙汇集老王坝河山箐水，经大乌龙、储英、兴旺入滇池，全长21km，控制径流面积为195.44km²。东大河多年最大流量：20m³/s，最小流量0.3m³/s，旱季、雨季差别较大。

5.1.1.5　社会经济概况

东大河共流经宝峰、昆阳两个乡镇，经清水沟、昌家营、韩家营、中和铺、乌龙、普达、南村、堡孜、储英、墩子、兴旺河嘴村11个村委会，35个村民小组，5260户，15198人，流经面积195.44km²，耕地面积9807.71亩。

示范区所在地兴旺村辖3个村民小组，全村国土面积2.02km²。现有农户818户，有乡村人口2288人，其中劳动力1591人，从事第一产业人数1579人。全村耕地面积2877亩，人均耕地0.6亩。农民收入主要以花卉为主，2006年全村经济总收入6708万元，农民人均纯收入2963元。

5.1.2　前置库方案设计

5.1.2.1　主要工艺流程概述

前置库系统包括前置库和旁流湿地两大部分，在雨季时，由于东大河流量大，泥沙含量多，为防止洪水对湿地的冲击，绝大部分洪水将进入前置库，此时前置库起主要作用。东大河污染河水首先通过格栅拦截河道漂浮物及垃圾；然后进入沉砂池，水体在沉砂池区进行充分沉降、分解，去除大量入湖泥沙后，随后进入生物处理区，通过该区的人工浮岛植物根系的接触及吸收，增强净化作用；最后水流从生态防护墙开口处进入滇池。在流量大的时候，前置库旁流湖滨湿地为前置库分担一部分水量进行净化。前置库系统示范工程具体工艺流程见图5-2。

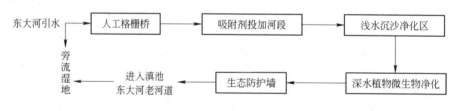

图5-2　前置库示范工程工艺流程

5.1.2.2　工艺参数设计

（1）前置库区：建设743m长的水体分隔带（生态防护墙），出水口宽度24m，是东大河河口宽度12m的2倍，满足河道最大过流量10m³/s的泄流要求。沉砂池及沉淀区为不规则形状，总面积64380m²，总容积89290m³，东西向长约520m，南北向宽约150m。沉砂池紧接河口布置，为扩散梯形状，顺流方向长140m，平均宽度110m，容积15580m³。沉砂池后为一般沉淀区，面积为48800m²，水深0.75～1.75m。在前置库内水面靠近水体分隔带上建80组人工浮岛，浮岛为竹筏浮床框架结构，上面种植李氏禾、鸢尾、菱草等水生植物，总面积1440m²。植物区分别设挺水植物芦苇、水芹菜区，沉水植物设置金鱼藻、海菜花等区。前置库设计流量为1.0m³/s，停留时间为24.8h，剩余水量流向旁流湿地。前置库平面布置见图5-3。

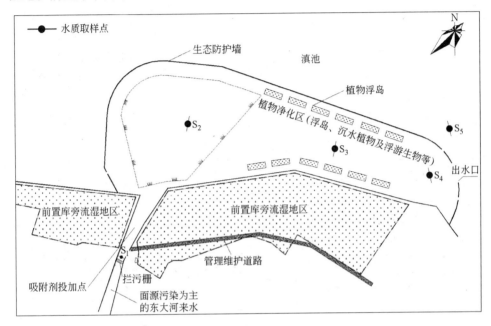

图5-3 示范工程平面布置图及常规水质监测采样点

（2）植物措施：在临近岸边及浅水区种植芦苇、水葱、菱草、鸢尾、水芹菜等挺水植物，在深水区域选择沉水植物如孤尾藻、红线草、菹草、伊乐藻、海菜花、金鱼藻、马来眼子菜，植物栽培采用季节搭配，形成错落有致的植物群落。

（3）稀土吸附剂投加：在格栅后面100m河道长的中部投加稀土吸附剂，投加量按前置库容积考虑：1.0g/m³，3～6个月投加一次。

（4）浮岛构建：构建80组人工浮岛，采用竹筏框架结构，基质采用示范区腐败植物残体及藤类植物固定，种植李氏禾、水葱、菱草、美人蕉、鸢尾等水生植物，总面积1440m²。浮岛全部沿生态防护墙布置。

（5）生态防护墙：在前置库区域与滇池外海水体之间，设置自行设计的生态防护墙。沉砂池区域用6m长木桩，单排按每米5棵形成支撑结构。沉淀区用6m桩长和4m桩长的木桩交替布置，即1棵6m长桩接3棵4m长桩，形成支撑结构。墙体内添加陶粒及碎石。表土层种植菱草、滇鼠刺、鸢尾、柳树等植物。

5.1.3　东大河水质监测分析

东大河位于昆明市晋宁县境内，是入滇池的 29 条主要河流之一。东大河河水受降雨条件影响显著，且主要来水为农村地区的蔬菜大棚、农田的面源污染。旱季、雨季与昆明旱雨期同步，旱季集中于每年的 11 月至次年 5 月，雨季集中于每年的 6 月至当年的 10 月。旱季时，东大河来水量主要为农田渗漏及上游水库来水，流量相对较小，一般维持在 $0.287 \sim 1.52 \mathrm{m}^3/\mathrm{s}$，河道水多被水库蓄积和被提供为其他农业用水。雨季河水东大河流量在 $3.32 \sim 20 \mathrm{m}^3/\mathrm{s}$ 之间，有时一场暴雨的降雨过程可到 80mm 以上，导致东大河最大流量可达 $20\mathrm{m}^3/\mathrm{s}$。试验期间东大河河水水质见表 5-1。

表 5-1　试验期间东大河河水水质　　　　　　　　　　　　（mg/L）

试验段	监测项目	COD	TP	TN	$NH_3 - N$	SS	DO
旱 季	范围	3.45 ~ 7.52	0.097 ~ 0.158	1.398 ~ 4.34	0.534 ~ 1.033	7.88 ~ 23.0	3.3 ~ 7.0
	平均值	4.23	0.110	3.23	0.88	18.8	4.7
	标准差	0.0121	0.054	0.044	0.0166	0.701	0.016
雨 季	范围	2.77 ~ 6.83	0.103 ~ 0.199	2.11 ~ 7.0	0.633 ~ 2.12	26.9 ~ 119	3.20 ~ 7.2
	平均值	5.62	0.162	5.98	1.56	61.8	4.4
	标准差	0.034	0.0109	0.036	0.8	0.79	0.044

东大河河水试验期间的氧化还原电位、水温、pH 值变化见图 5-4 ~ 图 5-6。从图 5-4 的东大河河水水温变化可以发现，河水稳定基本保持在10℃以上，适宜于各类植物生长，这与昆明的春城美誉相称，也表明东大河适宜建设前置库工程，利用生态自然净化河水将有利于降低污染治理的成本[8]。

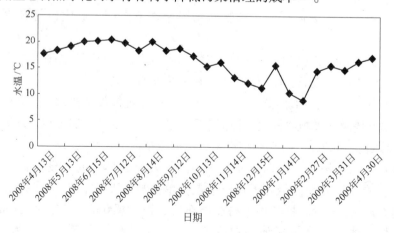

图 5-4　试验期间东大河河水温度变化情况

从表5-1可看出，2008年4月～2009年5月东大河河水水量和水质变化比较大。污染物浓度出现旱季、雨季差别明显。监测结果的氮磷在雨季时大于旱季监测结果，主要是因为项目区周围农田、蔬菜大棚较多，雨季氮、磷随地表径流进入东大河所致。

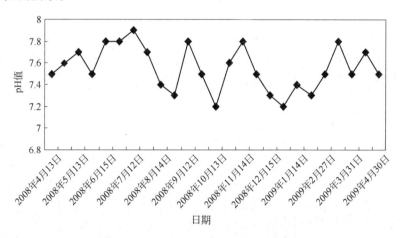

图 5-5　试验期间东大河河水 pH 值变化情况

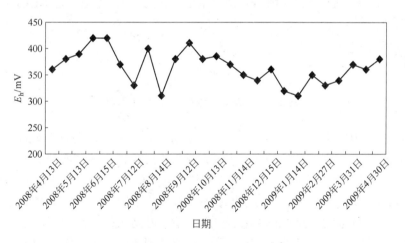

图 5-6　试验期间东大河河水 ORP 变化情况

5.2　前置库旱季净化河水研究

由于示范工程选址的东大河河水流量旱季、雨季差异较大，最大相差100倍以上，因此，对前置库工程技术在旱季、雨季净化河水分别进行研究，有着显著的现实意义。昆明地区旱雨季节分明，旱季自每年的11月至次年4月，雨季为每年的5～10月。试验在植物措施完成后，长势较旺盛的时间内进行，以达到最佳的试验效果。试验期间投加两次吸附剂，时间分别为：2008 年 5 月 13 日和 2008 年 12 月 15 日。旱季试验时间段：2008 年 11 月～2009 年 4 月。

5.2.1　TN 的去除

试验时间段为 2008 年 11 月至 2009 年 4 月，试验期间的东大河河水水质情况为：TN 浓度为 1.398～4.34mg/L 之间波动。采样点分别设在进水口格栅后 1m 处 S_1、前置库沉砂池 S_2、生物净化区 S_3、前置库出口处 S_4。试验期间不同采样点在不同时间段内的浓度变化见图 5-7，图中也同时给出了前置库对 TN 的净化效率。

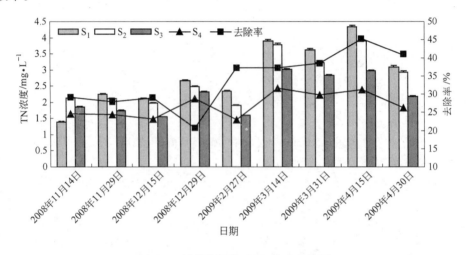

图 5-7　旱季前置库对 TN 的净化作用

从图 5-7 中可以看出，S_1 与 S_2 点的差别不大，也就是说前置库的沉砂池对 TN 的净化贡献值很小，TN 的净化主要是靠生物净化区内的植物浮岛及沉水植物等的作用。整个前置库对 TN 的净化效率维持在 20.7%～45.2%，11 月至次年的 2 月净化效率低于 3 月份以后的净化效率，这主要是因为冬季时大量的植物开始枯萎，对 TN 的吸附、吸收和转化的作用较差，而昆明的 3 月份以后阳光已经充分，可以保证植物的生产合成需要。因此，在 4 月 15 日的采用中，TN 的净化效率已经超过 45%，达到旱季时所有监测结果的最高效率。

5.2.2　NH_3-N 的去除

试验时间段为 2008 年 11 月至 2009 年 4 月，试验期间的东大河河水水质情况为：NH_3-N 浓度为 0.534～1.033mg/L 之间波动。采样点分别设在进水口格栅后 1m 处 S_1、前置库沉砂池 S_2、生物净化区 S_3、前置库出口处 S_4。试验期间不同采样点在不同时间段内的浓度变化见图 5-8，图中也同时给出了前置库不同时间段对氨氮的净化效率。

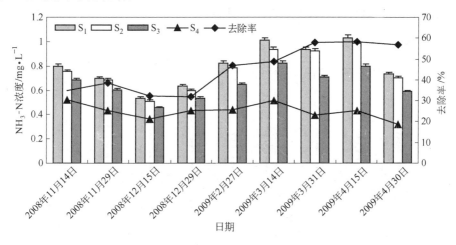

图5-8 旱季前置库对氨氮净化作用

从图5-8中可以看出，与TN的净化作用一致，采样点 S_1 与 S_2 点氨氮浓度差别也不大，也就是说前置库的沉砂池对氨氮的净化贡献值很小，氨氮营养盐的净化主要是靠生物净化区内的植物浮岛及沉水植物等的作用。同时，结合前面章节的吸附试验，氨氮的去除可能来源于吸附剂吸附、底泥吸附及前置库内的生物净化作用[9~11]，前置库对氨氮的综合净化效率维持在32.2%~40.2%，这一数据高于前置库对 TN 的净化效率。11月至次年的2月净化效率低于3月份以后的净化效率，这主要是因为冬季时大量的植物开始枯萎，对 TN 的吸附、吸收和转化的作用较差，而昆明的3月份以后阳光充足，可以保证植物的生产合成需要。同时也可以发现，2008年12月25日出现了最低的净化效率，这一天有小雨，天气较冷，也说明植物的净化作用受天气的影响明显。最大的净化效率出现在4月15日，达到40.2%。TN 及氨氮净化效率出现进水浓度大时净化效率反而高的情况，这与相关的其他研究是不矛盾的[12,13]，因为净化效率除受进水浓度的影响外，还受制于温水、pH 值、氧化还原电位等条件[14,15]，因此天气对净化效率的影响是不容忽视的。

分析图5-7和图5-8，可以发现TN、NH_3-N 的净化效率基本是同步的，也就是说氮并不是简单的水相中转化过程，氮的减少可能转化为植物有机质、底泥成分、吸附剂吸附及挥发进入空气等[17~19]。

5.2.3 TP 的去除

试验时间段为 2008 年 11 月至 2009 年 4 月，试验期间的东大河河水水质情况为：TP 浓度为 0.097~0.158mg/L 之间波动。采样点分别设在进水口格栅后

1m 处 S_1、前置库沉砂池 S_2、生物净化区 S_3、前置库出口处 S_4。试验期间不同采样点在不同时间段内的 TP 浓度变化见图 5-9，图中也同时给出了不同时间段 TP 的净化效率。

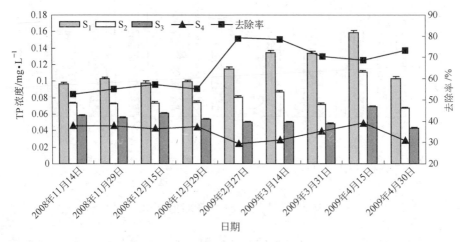

图 5-9   旱季前置库对 TP 净化效果

从图 5-9 中可以看出，与氮的去除途径不同，TP 的去除途径更为丰富。前置库的不同位置对 TP 均有一定的去除净化效果。从 $S_1 \sim S_4$ 的各个监测采用点的结果显示，TP 的浓度沿前置库的流向一直呈下降趋势。沉砂池内维持在 20% 左右的净化效率，这主要是 TP 中颗粒态磷的沉降作用[20~22]，同时吸附剂的添加对 TP 的净化起到一定的促进作用[23,24]。后面的植物净化区净化作用低于沉淀阶段，主要是因为植物的生长对磷的吸收量是有限度的，因此，要想提高磷的净化作用，提高截留作用是十分必要的。

整个旱季的采样分析表明，前置库对 TP 的综合净化效率维持在 52.5% ~ 79.3% 。这一净化效率明显高于相关工程的研究结果[25~28]，估计与前置库投加稀土吸附剂有确定的关系[29]。

但 TP 从水中只能转化为不同形态的磷，主要去向为植物体、底泥及吸附剂、微生物相，这并没有转移出工程区本身，因此，TP 的去除还要靠底泥的清除、植物体的收割等后续辅助工程，否则，这些被转化的磷将可能成为水中磷的一个源[30]，造成前置库区域在不定时间内的 TP 浓度升高。

5.2.4   COD 的去除

试验时间段为 2008 年 11 月至 2009 年 4 月，试验期间的东大河河水水质情况为：COD 浓度为 3.45 ~ 7.52mg/L 之间波动。采样点分别设在进水口格栅后 1m 处 S_1、前置库沉砂池 S_2、生物净化区 S_3、前置库出口处 S_4。试验期间不同采样点浓度变化见图 5-10，图中也同时给出了各时间段 COD 净化效果。

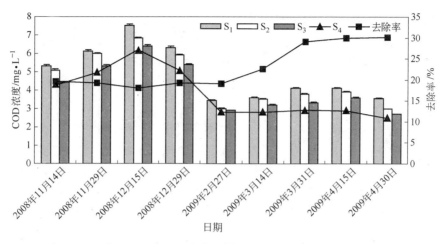

图 5-10　旱季前置库对 COD 净化效果

从图 5-10 中可以看出，与氮磷的净化作用相比，前置库对有机物的去除率有限，旱季时最大净化效率只有 30.1%，而 12 月 15 日的采样分析的净化效率只有 18.1%。而后面的研究也表明，即使提高水力停留时间也很难增加有机物的净化效果。相关研究表明，COD 的净化作用主要靠吸附、生物量增加等来实现[31]，因此，可以考虑将前置库出水进入旁流湿地，或适当增加前置库区域的生物量密度，来提高有机物的净化效果。

5.2.5　SS 的去除

试验时间段为 2008 年 11 月至 2009 年 4 月，试验期间的东大河河水水质情况为：SS 浓度为 7.88～23mg/L 之间波动。采样点分别设在进水口格栅后 1m 处 S_1、前置库沉砂池 S_2、生物净化区 S_3、前置库出口处 S_4。试验期间不同采样点在不同时间段内的浓度变化见图 5-11，图中也同时给出了各时间段对 SS 的净化效果。

从图 5-11 中可以看出，前置库系统对 SS 保持着较高的去除率，而且各个前置库功能单元均有一定的净化效果。前置库净化 SS 主要靠突然改变水流条件使流速减慢[32]，从而实现 SS 的自然沉降，同时前置库内的植物拦截也起到促进 SS 沉降的作用[33]。通过各种措施后 SS 的净化效率维持在 58.2%～74.4% 之间，而且植物长势较好阶段（2008 年 2 月以后）净化效率高于冬季长势较差时段，这进一步表明植物对 SS 的截留作用明显。

比较图 5-11 与图 5-12，可以发现前置库对 TP 和 SS 的净化效果存在正相关关系。也即是 SS 去除率的提高有利于 TP 的去除，这主要是因为 SS 的去除沉降过程为 TP 的沉降提高了更多的载体和吸附体，促进了 TP 的沉降。

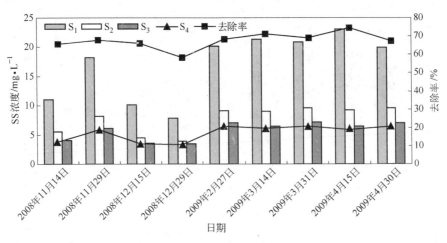

图 5-11　前置库旱季对 SS 净化效果

5.3　前置库雨季净化河水研究

东大河流域有着不同于其他河流的特征，其旱季时水量较少，主要来源于上游的东大河水库，来水经东大河水库的沉降，某种程度上已被稀释。雨季时，不但来自降水，而且农田、蔬菜大棚户也排放大量的蓄积水，再加之上游水库的来水，水量往往大大高于旱季时的水量。同时，由于蔬菜大棚户较多，也导致了雨季的 N、P 浓度往往高于旱季时的浓度。雨季时由于量大导致前置库水力停留时间减少，造成净化效果下降。为了保证一定的净化效果，多余的水量进入前置库的旁流湿地净化后再排入滇池，旁流湿地的净化作用将另外研究[43]。

5.3.1　TN 的去除

试验时间段为 2008 年 5 ~ 10 月，试验期间的东大河河水水质情况为：TN 浓度为 2.11 ~ 7.0mg/L 之间波动。采样点分别设在进水口格栅后 1m 处 S_1、库沉砂池处 S_2、生物净化区 S_3、前置库出口处 S_4。试验期间不同采样点在不同时间段内的浓度变化见图 5-12，图中也同时给出了雨季 TN 的净化效果。

从图 5-12 和图 5-13 中可以看出，各个单元对 TN 均有一定程度的去除，但 S_1 与 S_2 点的差别不大，也就是说前置库沉砂池对 TN 的净化贡献值很小，TN 的净化主要是靠生物净化区内的植物浮岛及沉水植物等的作用。这与旱季时的结果是一致的。

前置库对 TN 的净化效果与 TN 的浓度反相关，浓度低时净化效率高于浓度大时的净化效果。整个前置库对 TN 的净化效率维持在 21.7% ~ 58.2%，6 ~ 9 月份保持着较高的净化效率，这一时期为植物的旺盛生长期，可以达到最大程度净化水体的功能。

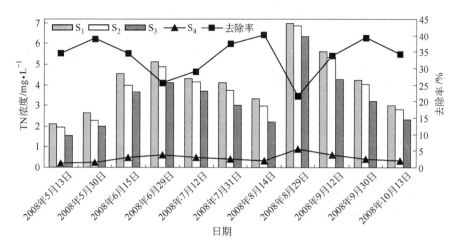

图 5-12　雨季前置库对 TN 净化效果

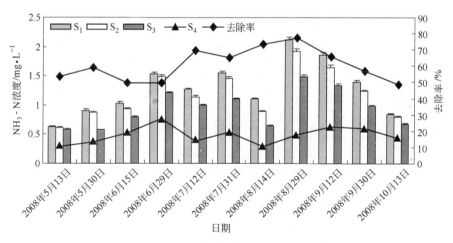

图 5-13　雨季前置库对 NH$_3$-N 净化效果

5.3.2　NH$_3$-N 的去除

试验时间段为 2008 年 5~10 月，试验期间的东大河河水水质情况为：NH$_3$-N 浓度为 0.633~2.12mg/L 之间波动。采样点分别设在进水口格栅后 1m 处 S$_1$、库沉砂池处 S$_2$、生物净化区 S$_3$、前置库出口处 S$_4$。试验期间不同采样点在不同时间段内的浓度变化见图 5-13，图中也给出了雨季氨氮的净化效果。

从图中可以看出，前置库不同单元对氨氮均有净化作用，且与 TN 净化效果一致，采样点 S$_1$ 与 S$_2$ 点差别不大，也就是说前置库的沉砂池对氨氮的净化贡献值很小，氨氮的净化主要是靠生物净化区内的植物浮岛及沉水植物等起作用。这一点旱季与雨季结果吻合较好。

对氨氮的综合净化效率维持在48.6% ~77.1%，这一数据高于对 TN 的净化效率，也高于前置库旱季时的净化效率（32.2% ~58.2%）。表明，浓度的增加对于雨季时氨氮的去除效率影响不大，如2008年8月29日采样分析显示，氨氮进水浓度达到2.12mg/L，净化效率高达77.1%，为雨季时的最佳净化效率。这一阶段植物生长旺盛，也恰好为吸附剂投加后的一周内，两者共同作用形成了较高的净化效果。

5.3.3　TP 的去除

试验时间段为2008年5~10月，试验期间的东大河河水水质情况为：TP 浓度为0.1032 ~0.1990mg/L 之间波动。采样点分别设在进水口格栅后1m 处 S_1、库沉砂池处 S_2、生物净化区 S_3、前置库出口处 S_4。试验期间不同采样点在不同时间段内的浓度变化及 TP 去除率见图5-14。

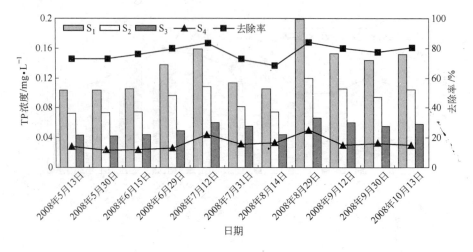

图5-14　前置库雨季对 TP 净化效果

整个雨季采样分析表明，前置库对 TP 的综合净化效率维持在68.4% ~84%，而旱季时的净化效率在52.5% ~79.3%。造成这一区别的主要原因有：其一为植物的拦截作用[35]，旱季为冬春季节，植物长势较差，吸附、吸收量有限；其二为去除率与 SS 存在正相关关系[36]，雨季时 SS 浓度高，为 TP 的沉降提供了载体，最后，整个前置库在夏天时处于较为旺盛的生命周期中，更多的生物量也需要更多的营养盐类，如磷等[37]。

5.3.4　COD 的去除

试验时间段为2008年5~10月，试验期间的东大河河水水质情况为：COD

浓度为 2.77 ~ 6.83mg/L 之间波动。采样点分别设在进水口格栅后 1m 处 S_1、库沉砂池处 S_2、生物净化区 S_3、出口处 S_4。试验期间不同采样点在不同时间段内的浓度变化及 COD 去除率见图 5-15。

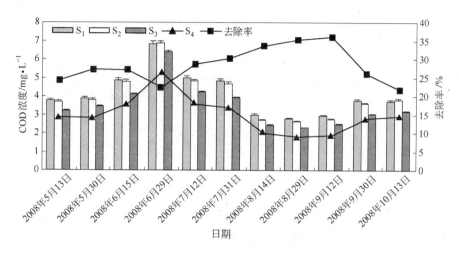

图 5-15 雨季前置库对 COD 净化效果

从图 5-15 中可看出，与旱季时基本一致，对有机物去除效率有限，最大净化效率 35.2% 与旱季时效率（30.1%）差别不大。虽然雨季时植物长势较好，但对 COD 的净化效率并没有得到较大的提高，这与国外的研究基本一致[38]，主要原因是前置库水生植物对 COD 的净化需要营养盐类多而有机质需要量有限，这也是湿地去除 COD 量高于前置库的原因[39]。

5.3.5 SS 的去除

试验时间段为 2008 年 5 ~ 10 月，试验期间的东大河河水水质情况为：SS 浓度为 26.9 ~ 119.0mg/L 之间波动，范围较大。采样点分别设在进水口格栅后 1m 处 S_1、库沉砂池处 S_2、生物净化区 S_3、出口处 S_4 及前置库进入滇池后的 100m 处对照点 S_5。试验期间不同采样点在不同时间段内的浓度变化及 COD 去除率见图 5-16。

比较图 5-16 与图 5-11，旱季时 SS 浓度仅为 7.88 ~ 23mg/L，而雨季时最大浓度高达 119mg/L。造成 SS 浓度差别如此之大的原因主要是东大河沿途多属于水土流失重点地区，雨水的冲刷造成 SS 浓度急剧升高。相反，旱季时水量少，而且多来自于上游的水库，泥沙等含量相对较低。SS 浓度差别对 TP 的去除率产生正面影响，雨季时最大去除率达到 86.6%（进水 119mg/L）时，TP 的去除率也达到了 84%。

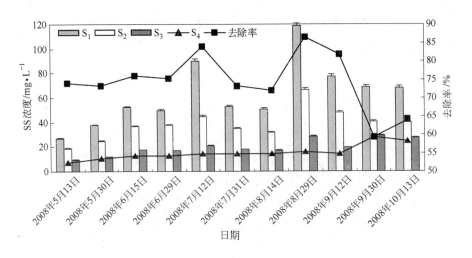

图 5-16　雨季前置库对 SS 净化效果

5.4　旱季与雨季净化效果差异分析

东大河旱雨两季分明，旱季时流量小，N、P、SS 浓度偏低，而且旱季恰好是冬、春季节，植物长势较差；雨季时为夏秋季节，N、P、SS 浓度高，但此时的植物长势较好，有利于污染物净化去除。由于暴雨时流量及污染物负荷较大，本次试验在暴雨时将一部分雨水引入旁流湿地，从而保证了前置库净化水质的一个重要参数——停留时间。保证停留时间稳定在设计参数的情况下，旱雨两季前置库对污染物氮磷、COD、SS 均有不同程度的净化。通过投加稀土吸附剂、增加植物浮岛和培植水生植物、藻类等大大增加了前置库净化水体的效率[40]。

示范工程整年运行结果表明，旱季时 TN、NH₃-N、TP、COD、SS 最大去除率分别达到 45.2%、40.2%、79.3%、30.1% 和 74.4%；雨季时 TN、NH₃-N、TP、COD、SS 最大去除率分别达到 58.2%、77.1%、84%、35.2% 和 86.6%。而且雨季时来水量远大于旱季水量，因此雨季时污染物去除率各项指标均好于旱季。主要是因为旱季时植物长势较差，且处于冬季阳光对水生植物影响较大，光合作用能力降低造成的[41,42]。

根据现场监测结果，雨季时河水流量远远大于旱季水量，而且雨季时氮磷浓度高于旱季，主要是因为雨季时大量的蔬菜灌溉用水以面源的形式排入东大河，导致河水浓度升高。其二，雨季时恰恰是阳光充足的夏季，植物生长旺盛，生物量大大增加，其吸收、吸附的污染物量亦随之增加。同时，雨季时泥沙含量增加在前置库内停留时间内也携带氮磷沉淀，沉淀下来的氮磷在底部与吸附剂充分接触从而被吸附固定，最终被植物、微生物等利用，从而提高了其净化效率。

5.5 全年污染物削减量

根据表5-1及全年的监测数据，进行统计回归分析。得到旱季（11月至次年4月）、雨季（5~10月）污染物的平均浓度及去除率，见表5-2。

表5-2 污染物平均浓度及去除率统计结果

试 验 段	流量/$m^3 \cdot s^{-1}$	COD/$mg \cdot L^{-1}$	TP/$mg \cdot L^{-1}$	TN/$mg \cdot L^{-1}$	SS/$mg \cdot L^{-1}$
旱季（6个月）	4.3	4.23	0.11	3.23	18.8
平均去除率/%		20.6	57.3	30.1	55.7
雨季（6个月）	9.8	5.62	0.162	5.98	61.8
平均去除率/%		26.8	76.8	39.6	80.2

根据表5-2的平均流量，可计算出全年前置库处理的水量约为21928万立方米，其中旱季6687万立方米，雨季15241万立方米。

由此可算出污染物削减量：

$$Q_d = Q_w C_w \times r \qquad (5-1)$$

式中　Q_d——污染物削减量，t；

　　　Q_w——来水量，m^3；

　　　C_w——来水污染物浓度，mg/L；

　　　r——综合去除率，%。

据式（5-1）可计算出每年污染物削减量：

COD = 927.3t/a；TP = 24.1t/a；TN = 219.3t；SS = 10119.1t。

因此，前置库示范工程建设对于氮磷营养盐及污染物的去除是行之有效的。

5.6 本章小结

将试验结果与相关课题的研究比较，本次强化的前置库系统对河流的污染物有较高的去除率，通过在前置库中投加稀土吸附剂、增设生态防护墙，并增加80组人工浮岛，在不同水域种植挺水植物、沉水植物和漂浮植物等措施，大大增强了前置库对水体的净化改善效果。2008~2009年运行结果表明，无论在旱季还是雨季前置库都保持了较高的净化能力。实践证明在类似昆明气候的高原地区，前置库工程技术是行之有效的，而且较其他工程技术成本大大降低。

示范工程污染物削减量达到了预期目标，表明在面源微污染为主河流的生态修复和水质改善方面，综合前置库技术是切实可行的。

参考文献

[1] Thomas Deppe, Jürgen Benndorf. Phosphorus reduction in a shallow hypereutrophic reservoir by

in-lake dosage of ferrous iron ［J］. Water Research, 2002, 36: 4525 ~ 4534.

［2］ Paul E Grams, John C Schmidt. Streamflow regulation and multi-level f lood plain formation: channel narrowing on the aggrading Green River in the eastern Uinta Mountains, Colorado and Utah ［J］. Geomorphology, 2002, 44: 337 ~ 360.

［3］ 张毅敏, 张永春. 前置库技术在太湖流域面源污染控制中的应用探讨 ［J］. 环境污染与防治, 2003, 12 (6): 342 ~ 344.

［4］ Chu Y, Salles C, Cernesson F, et al. Nutrient load modeling during floods in intermittent rivers: An operational approach ［J］. Environmental Modeling & Software, 2008, 23: 768 ~ 781.

［5］ Gregory Cope, Robert Bringolf, Shad Mosher. Controlling nitrogen release from farm ponds with a subsurface outflow device: Implications for improved water quality in receiving streams ［J］. Agriculture water management, 2008, 32: 467 ~ 471.

［6］ Klaus Pütz. The importance of pre-reservoirs for the water quality management of reservoirs ［J］. Wat. SRT-Aqua, 1995, 44 (1): 50 ~ 55.

［7］ Klaus Pütz, Jürgen Benndorf. The importance of pre-reservoirs for the control of eutrophication of reservoirs ［J］. Wat. Sci. Tech. 1998, 37 (2): 317 ~ 324.

［8］ Bain M B, Hafig A L, Loucks D P, et al. Aquatic ecosystem protection and restoration: advances in methods for assessment and evaluation ［J］. Environmental Science & Policy, 2000, 3: 89 ~ 98.

［9］ 田猛, 张永春. 用于控制太湖流域农村面源污染的透水坝技术试验研究 ［J］. 环境科学学报, 2006, 26 (10): 1665 ~ 1670.

［10］ 李贵宝, 周怀东, 尹澄清. 湿地植物及其根孔在面源污染治理中的展望 ［J］. 中国水利, 2003, 4: 51 ~ 52.

［11］ Farm C. Evaluation of the accumulation of sediment and heavy metals in a storm-water detention pond ［J］. Wat. Sci Tech, 2002, 45 (7): 105 ~ 112.

［12］ 袁冬海, 席北斗, 魏自民, 等. 微生物—水生生物强化系统模拟处理富营养化水体的研究 ［J］. 农业环境科学学报, 2007, 26 (1): 19 ~ 22.

［13］ 李彬, 吕锡武, 宁平. 自回流生物转盘/植物滤床工艺处理农村生活污水 ［J］. 中国给水排水, 2007, 23 (17): 15 ~ 18.

［14］ N L G Somes, J Fabian, T H F Wong. Tracking pollutant detention in constructed storm water wetlands ［J］. Urban Water, 2000, 2: 29 ~ 37.

［15］ 年跃刚, 刘鸿亮, 荆一凤. 氧化塘中溶解氧浓度与光照强度关系的试验研究 ［J］. 环境科学研究, 1993, 6 (5): 1 ~ 5.

［16］ 朱伟, 张俊, 赵联芳. 底质中氨氮对沉水植物生长的影响 ［J］. 生态环境, 2006, 15 (5): 914 ~ 920.

［17］ A J van Oostrom. Nitrogen removal constructed wetlands treating nitrified meat processing effluent ［J］. Wat. Sci. Tech , 1995 , 132 (3) : 137 ~ 147.

［18］ William J M, Alex J H , Robert W N. Nitrogen and phosphorus retention in wetlands. ecological approaches to solving excess nutrient problem ［J］. Ecol Engin , 2000 , 14 : 127.

［19］ Philip AMB , Alexander J H. Denitrification in constructed free water surface wetland. Effects of vegetation and temperature［J］. Ecol Engin，2000，14：17~32.

［20］郭长城，喻国华，王国祥. 河流泥沙对污染河水中污染物的吸附特性研究［J］. 生态环境，2006，15（6）：1151~1155.

［21］陈静生，张宇，于涛，等. 泥沙对黄河水质参数 COD、高锰酸盐指数和 BOD_5 的影响［J］. 环境科学学报，2004，24（3）：369~375.

［22］夏星辉，王然，孟丽红. 黄河好氧性有机物污染特征及泥沙对其参数测定的影响［J］. 环境科学学报，2004，24（6）：969~974.

［23］Tang Y K, Tong Z F, Wei G T, et al. Removal of phosphate from aqueous solution with modified bentonite［J］. The Chinese Journal of Process Engineering, 2006, 6（2）：197~200.

［24］Russell G C, Low P F. Reaction of phosphate with kaolinte in dilute solution［J］. Soil Science Society Proceedings, 1954, 18：22~25.

［25］Paul L, Putz K. Suspended matter elimination in apre-reservoir with discharge dependent storage level regulation［J］. Limnologica, 2008, 38：388~399.

［26］Ellison, M E, Brett, M T. Particulate phosphorus bioavailability as a function of stream flow and land cover［J］. Wat. Res. 2006, 40：1258~1268.

［27］Paul L. Nutrient elimination in pre-reservoirs – results of long-term studies. Hydrobiologia, 2003, 504：289~295.

［28］Uhlmann D, Benndorf J. The use of primary reservoirs to control eutrophication caused by nutrient inflows from non-point sources［M］. Proceedings of a Regional Workshop on MAB Project 5, Facultas, Wien, Warsaw/Poland, 152~188.

［29］Ning P, Li B, Lu X W. Phosphate removal from wastewater by model-La（Ⅲ）zeolite adsorbents［J］. 2008, 20（6）：670~674.

［30］Breen P F. A mass balance method for assessing the potential of artificial wetlands for wastewater treatment［J］. Wat. Res. 1990, 24（6）：689~697.

［31］陈梁辉，吕锡武，吴义锋. 生态护砌模拟河道对氮系污染物的去除特性［J］. 环境科学，2008，29（8）：2172~2176.

［32］Benndorf J, Pütz K. Control of eutrophication of lakes and reservoirs by means of pre-reservoirs. I. Mode of operation and calculation of the nutrient elimination capacity［J］. Wat. Res., 1987, 21：829~838.

［33］Benndorf J, Pütz K. Control of eutrophication of lakes and reservoirs by means of pre-reservoirs. Ⅱ. Validation of the phosphate removal model and size optimization［J］. Wat. Res., 1987, 21：839~847.

［34］荆肇乾，吕锡武. 不同电子受体的反硝化除磷效果对比研究［J］. 给水排水，2008，34（6）：40~43.

［35］Kuusemets V, Mander ü. Ecotechnological measures to control nutrient losses from catchments［J］. Water Science and Technology, 1999, 40（10）：195~202.

［36］陈淑珠，钱红，张经. 沉积物对磷酸盐的吸附与释放［J］. 青岛海洋大学学报（自然科学版），1997，27（3）：413~418.

［37］Anna Lloyda, Bradley Law, Ross Goldingay. Bat activity on riparian zones and upper slopes in

Australian timber production forests and the effectiveness of riparian buffers ［J］. Biological Conservation, 2006, 129: 207 ~ 220.

[38] Paul L K Schrüter, J Labahn. Phosphorus elimination by longitudinal subdivision of reservoirs and lakes ［J］. Wat. Sci. Technol. 1998, 37 (2): 235 ~ 243.

[39] 邓红兵, 王青春, 王庆礼, 等. 河岸植被缓冲带与河岸带管理 ［J］. 应用生态学报, 2001, 12 (6): 951 ~ 954.

[40] Thomas Deppe, Jürgen Benndorf. Phosphorus reduction in a shallow hypereutrophic reservoir by in-lake dosage of ferrous iron ［J］. Water Research, 2002, 36: 4525 ~ 4534.

[41] Angelo E M, Reddy K R. Diagenesis of organic matter in a wetland receiving hypereutrophic lake water ［J］. Journal Environmental Quality, 1994, 23: 928 ~ 943.

[42] Sardar K, Irshad A, Mahir S. Use of constructed wetland for the removal of heavy metals from industrial wastewater ［J］. Journal of Environmental Management, 2009, 90 (11): 3451 ~ 3457.

[43] 张仁锋, 宁平, 李彬. 东大河口湖滨湿地净化入滇池河水研究 ［J］. 水处理技术, 2009, 35 (5): 95 ~ 97.

6 前置库去污特性及稳定性分析

近年来，研究水生生态系统的稳定性也被引入到前置库系统的研究中[12]，主要因为前置库技术吸纳了环境工程、生态工程、水力学等学科方面的技术优点，将前置库这一简单的沉降泥沙的技术扩大到净化水体中来。水生生态系统中微生物包括细菌、藻类、原生动物、微型后生动物等，它们在水体中分布广泛，在生态系统中据着各自的生态位，彼此间有着复杂的联系和相互作用，构成特定的生物群落，对外界环境胁迫因子能产生快速而有效的特殊反应[9]。当水环境发生变化时，水生生物的群落结构和个体数量将会发生显著变化。生物监测是利用生命有机体对污染物的种种反应来直接表征环境质量的好坏以及所受污染的程度[3]。生态系统具有微生物种群间、物种间以及它们与周围环境之间相互协调的复合特征，因此，基于对微生物种群及群落功能的研究更能客观地反映水污染对生物本身的影响及其生态效应[9]。聚氨酯泡沫塑料法（Polyurethane Foam Unit，PFU）是一种新型的微型生物群落监测方法，以聚氨酯泡沫塑料作为人工基质收集水体中的微型生物群落，测定该群落结构和功能的各种参数，以评价水质[4,5]。Carins 等提出 3 个功能参数：平衡时的物种数量（Seq），群集曲线的斜率或群集常数（G）和达到 90% Seq 所需要的时间（$T90\%$）[6]。沈韫芬等[7]采用 PFU 法对汉江等六条支流进行生物监测，提出了微型生物多样性指数与化学污染综合指数呈统计学显著相关。陈建等人[8]基于 PFU 微型生物群落参数调查，应用典型鉴别和分类鉴别分析微型生物群落参数变化规律，能对水体水质做出有效的鉴别。

多位学者指出，水体中的浮游生物包括细菌、藻类、原生动物及微小后生动物，是构成水体生态系统的重要组成部分[9~11]。这些浮游生物对于典型前置库工程净化面源污染起到重要的作用，有时甚至是决定性的作用[12]。原生动物和微小后生动物的种群动态和结构功能可直接或间接的反映水体水质状况，其摄食细菌、藻类以及有机物颗粒，对于净化水体、修复水生生态功能意义重大[13]，Benndorf 等人[14]长达 20 年的研究表明，经典的前置库工程中水体 N、P 去除主要靠浮游生物。

研究污染物的去除过程及特性，对于了解前置库的运行稳定性及工程实践意义重大，通过研究前置库系统中污染物的去除过程，可以掌握前置库的去除污染物的影响因素，并进而为前置库系统工艺设计提供理论依据。在运用前置库技术控制面源污染为主的河水时，除了研究营养盐类氮磷、有机物等污染物的去除过程外，总有机碳（TOC）、生物可同化有机碳（AOC）、生物可降解溶解性有机碳（BDOC）、溶解性有机物的分子量变化规律也是衡量水体污染水平和水质安全的重要指标[1]，其中 AOC、BDOC 也是衡量水体生物稳定性的重要指标[1,2]，并可能影响到前置库系统运行的稳定性和长期有效性。

6.1　典型污染物去除过程

　　为真实地反映前置库工程各个强化单元的污染物去除机理及效果，本次考察均采用前置库模型控制，在各个运行参数均为最佳时间段进行试验研究，即稀土吸附剂最佳剂量、生态防护墙高效强化、动植物及微生物旺盛生长期。同时，为了考察前置库在旱季、雨季不同时节的运行效果，分为雨季（2008 年 6~8 月）和旱季（2009 年 3~4 月）进行时间控制，同时为避免冬季植物枯萎导致的功能降低，旱季选择在雨季前期，避开了冬天寒冷季节。试验期间稀土吸附剂投加量控制在 $1.0 \mathrm{g/m^3}$ 库容，730m 长度的生态防护墙体内部装填陶粒和砾石，表面栽培植物。进水浓度控制为原河水和经过旁流湿地处理后的水混合后进入前置库区，通过二者流量比控制进水浓度及水力停留时间等参数。

6.1.1　TN 去除特性

　　图 6-1 和图 6-2 分别为旱季及雨季两阶段前置库系统对于 TN 的去除过程特性。旱季雨季净化效率与水力停留时间 HRT 均表现为正相关，随着 HRT 的增大去除率都上升趋势。旱季、冬季同期，在 HRT=0.2d 时的净化效率不足 10%，当 HRT 增大到 3d 时 TN 去除率提高到 38.9%，此后再将 HRT 增加到 7d 时净化效率达到 42.1%，较 HRT=3d 时仅仅提高了 3.2%。相比之下，雨季净化效率略高于旱季，最大可到 56.9%，出现这一差距的主要原因是昆明地区热雨同期，雨季时处于夏季，水生植物长势茂盛，前置库生态系统趋于完善，夏季较高的气温和光照条件，也起到强化 TN 去除能力的作用[16]。

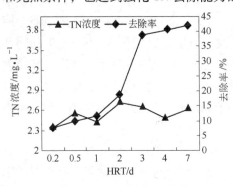

图 6-1　旱季 TN 去除过程特性

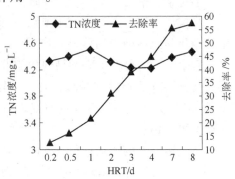

图 6-2　雨季 TN 去除过程特性

6.1.2　NH₃-N去除特性

图6-3和图6-4分别为旱季及雨季两阶段前置库系统对于NH₃-N的去除过程特性。与TN的去除过程类似，旱季、雨季净化效率与水力停留时间HRT均表现为正相关，随着HRT的增大去除率都呈上升趋势。

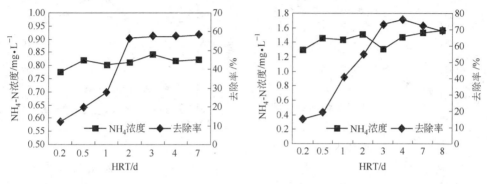

图6-3　旱季NH₃-N去除过程特性　　　　　图6-4　雨季NH₃-N去除过程特性

旱季时的进水浓度维持在0.775~0.843mg/L，而雨季时的进水浓度稳定在1.296~1.565mg/L。试验过程中，旱季HRT=2.0d时净化效率的净化效率56.8%，当HRT增大到7d时氨氮去除率提高到58.2%，较HRT=2d时仅仅提高了1.4%，造成旱季去除率难以大幅度提高的原因是植物、微生物量有限，也从侧面说明前置库净化氨氮的主要推动力来自于水生植物的生长需要。

尽管雨季时，HRT=2d时的净化效率53.5%，但继续增大HRT=3d后氨氮去除率提高到73.4%，大大高于旱季时的去除率，主要由于雨季时经过一段时间的运行，前置库内水生植物、各种微生物都得到了较快增长，底栖动物也被大量检出，前置库区也出现了大量的硅藻、狐尾藻等，同时微型后生动物也被检出，这都为去除率的提高提供了生物学基础[17,18]。

同时，研究还发现雨季时HRT从3d增加到7d的过程中，氨氮去除率出现了小范围的下降，主要是因为随着时间的延长，其他形态的氮素有可能逐渐转化为氨氮造成的[19]。

6.1.3　TP去除特性

旱季时的TP进水浓度维持在0.087~0.098mg/L，而雨季时的TP进水浓度稳定在0.106~0.115mg/L。在两种不同季节及污染物浓度的情况下，前置库净化TP的过程特性表示为图6-5和图6-6。

从图中看出，旱季、雨季TP都保持着较高的去除率，这不但是由于磷素的转化、沉降、生物利用，还得益于稀土吸附剂的投加[20]。HRT较小时，雨季时

TP 去除率（HRT=0.2d，去除率53.1%）明显高于旱季（HRT=0.2d，去除率36.5%），这是因为雨季时进水中 SS 浓度较高，为 TP 的沉降提高了依附物和絮凝体[21,22]，促使了磷素的快速沉降。如果考虑到 TP 进水浓度的差异，旱季雨季的净化效率大小变化是十分可观的。

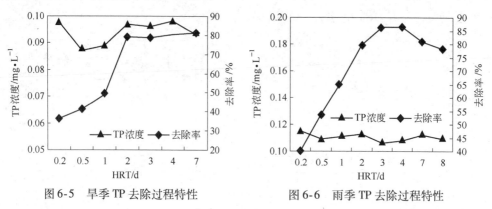

图 6-5　旱季 TP 去除过程特性　　　　图 6-6　雨季 TP 去除过程特性

另外，无论旱季或是雨季，均可以实现 TP 的短时间内沉降。特别是在雨季时，HRT=3~6d 变化中，TP 的去除率反而出现了轻微下降的现象，这主要是由于水深较浅，在有风情况下出现沉降磷的再次释放。因此，如何把握沉降磷的稳定存在应该引起重视。

6.1.4　COD 去除特性

图 6-7 和图 6-8 分别为旱季及雨季两阶段前置库系统对于 COD_{Mn} 的去除过程特性。旱季时的 COD_{Mn} 进水浓度维持在 5.28~5.60mg/L，而雨季时的 COD_{Mn} 进水浓度稳定在 3.35~3.82mg/L。在旱季和雨季的研究表明，前置库净化 COD 的过程是一致的，表现为去除污染物的过程特性曲线升降类似。

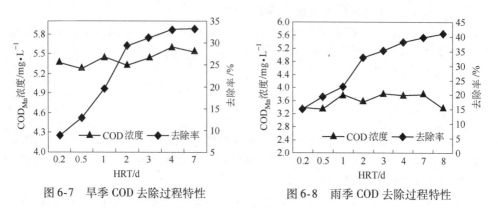

图 6-7　旱季 COD 去除过程特性　　　　图 6-8　雨季 COD 去除过程特性

在旱季过程中，当 HRT=0.2~7d 间变化时，COD_{Mn} 去除率也随之变化

（8.9% ~33.3%），且在 HRT=2d 时出现拐点，此后随着 HRT 的增加，去除率增大的趋势逐渐减缓；雨季时，当 HRT=0.2 ~8d 间变化时，COD_{Mn} 去除率亦随之变化（15.2% ~41.1%），与旱季出现拐点的 HRT 基本一致。考虑到雨季时污染物浓度低于旱季（COD_{Mn} 浓度为旱季时的 60% 左右），预计两种状态下 COD 的去除能力基本相当。因此，从 COD 净化的角度考虑，前置库运行过程中冬春季节 HRT=3d 以上，夏秋季节 HRT=2d 以上，即可达到净化 COD 的目的。

6.1.5 SS 去除特性

旱季时的 SS 进水浓度维持在 15.6 ~18.9mg/L，而雨季时的 SS 进水浓度稳定在 73.1 ~77.9mg/L。在两种不同季节及污染物浓度情况下，前置库净化 SS 的过程特性表示为图 6-9 和图 6-10。

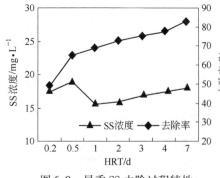 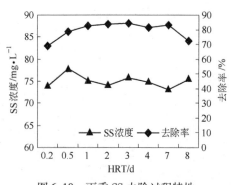

图 6-9 旱季 SS 去除过程特性　　　　图 6-10 雨季 SS 去除过程特性

当 HRT=0.2d 时，旱季时 SS 去除率仅为 48.6%，雨季时的 SS 去除率却高达 69.1%。但是随着 HRT 的增加，旱季情况下的 SS 去除率逐渐增加到 HRT=7d 时的 88.3%，高于雨季时的 SS 最大去除率（HRT=7d，SS 去除率 83.2%）。

从图中发现，SS 在短时间内快速沉降，这也是 TP 浓度下降较快的一个原因（SS 为磷沉降提供了更多的机会）。在旱季的试验过程特性曲线中 SS 去除率随着 HRT 的增加一直处在上升阶段，这主要是因为旱季植物长势差，冬春季节风速小等，SS 沉降过程受外界因素影响较小。相反，雨季（夏天）时水生植物拦截作用明显，致使 SS 在很短的停留时间下出现高效的沉降作用，SS 很快下降至前置库底部。这样即使增加 HRT（0.2 ~8d），SS 的去除率变化远不如旱季时明显。

6.1.6 TP 与 TN 去除率相关性

Benndorf 等人研究结果表明，在前置库运行中 TN 及其他氮素的去除率往往正比于 TP 的去除率[14]。而本次前置库系统净化入滇池河水的研究中，现场监测采样数量较多，如果能够通过计算 TP 浓度变化，从而获得 TN 的去除量将是非常理想的结果。基于此，特别考虑了利用 TP 的去除率来衡量 TN 的去除率。

由于前置库在旱季和雨季时的净化作用存在一定的差别，雨季时植物生长旺盛，对于污染物的去除更为有利，而旱季植物作用将有下降趋势，因此将旱季、雨季两种情况下 TN 与 TP 去除率的关系分别考察，具体见图 6-11 和图 6-12。从作图结果我们发现，旱季前置库系统 TN- TP 去除率存在确定的直线关系，这与 Benndorf 研究结果一致[14]。

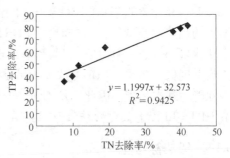

图 6-11　旱季 TN 与 TP 去除率相关性分析

雨季时采用直线拟合较差（$R^2 = 0.6338$），TN- TP 去除率较符合对数线性关系，估计造成旱季、雨季不一致的原因是雨季时植物措施的净化作用更加突出，从而削弱了自然沉降作用的结果。

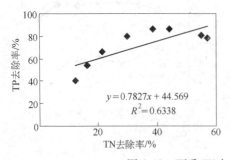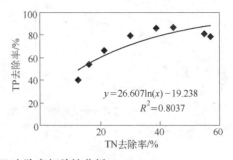

图 6-12　雨季 TN 与 TP 去除率相关性分析

TN 与 TP 的去除关系的研究结果表明可以利用 TP 的去除率来计算氮素的去除情况，这将大大减轻实验室处理数据的工作量，有利于科研效率的提高。

6.2　前置库效果强化机理

在借鉴经典前置库理论的基础上[23]，综合运用生态工程技术，将湿地、化学吸附[24]等有关理念引入到本次的前置库研究中，研究了稀土吸附剂的投加及生态防护墙等强化措施对前置库净化效率的提高。

6.2.1　稀土吸附剂净化水体及机理

6.2.1.1　投加量对净化效率的提高

将稀土吸附剂（镧铈-沸石合成）投入前置库的进水口，吸附剂随水流在前置库区域形成混合区，与水流中的氮磷充分接触、吸附，并逐渐与水体中的泥沙、氮磷等一起沉降至沉砂池中，从而达到净化水体的功能。在 HRT = 2d 的情况下，现场试验操作条件见表 6-1，吸附剂投加量对净化效率的影响见图 6-13。

表 6-1 吸附剂投加时进水浓度 （mg/L）

操作条件	旱 季	雨 季
NH_3-N	0.813	1.512
TP	0.097	0.113
HRT	2d	2d

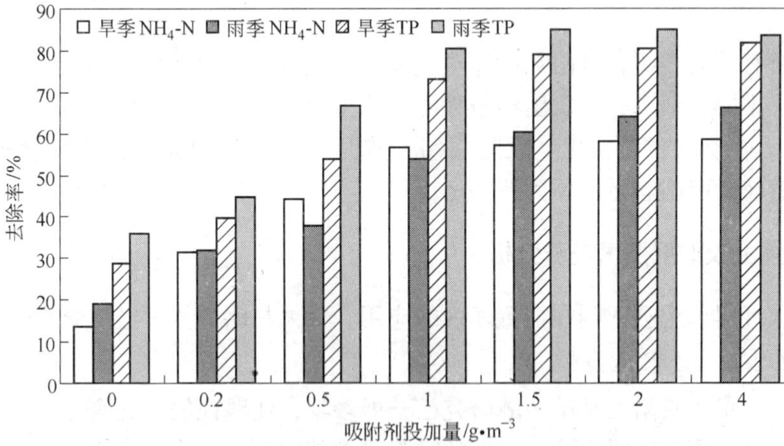

图 6-13 前置库内投加吸附剂的影响

可以看出在表 6-1 的条件下，前置库内投加吸附剂对净化效率有明显的提高。图 6-13 表明，在不投加吸附剂的情况下，保持 HRT=2d、进水控制在表 6-1 的操作条件时，氨氮在旱季、雨季的去除率分别为 13.5% 和 19.1%，TP 的去除率分别为 28.8% 和 36.3%。随着吸附剂的投加，无论是旱季还是雨季氮磷的去除率都有不同程度的提高，但随着吸附剂投加量的增加，去除率的增加越来越小。综合考虑吸附剂的成本及吸附后底泥增加量两种情况，吸附剂投加量控制在 1.0g 吸附剂/m³ 库容（半年投加一次）较为理想，旱季时氮磷的去除率分别在 45.2% 和 79.3%；雨季时氮磷去除率分别达到 58.2% 和 84%。

比较图 6-13 和图 4-8 发现，二者的最佳剂量并不一致，这主要是因为前者是静态试验，而本节试验结果是在前置库中直接投加吸附剂，水中泥沙及其他物质对去除率产生了影响，因此其去除率受前置库内各种因素的综合作用的结果。

6.2.1.2 净化机理

根据李彬[25,26]等人的研究结论，稀土吸附剂在水中形成表面羟基，其对磷酸根及 NH_3-N 的吸附能力远大于氢氧根。吸附剂在吸附磷酸盐的同时释放出氢氧根离子，氢氧根离子的增加，导致前置库底部河水 pH 值的变化，从而加速随泥沙下沉的磷酸盐沉淀吸附等作用，使其不易随风泛起从而避免重新回到水体。吸附剂的投加亦促使更多的 NH_3-N 转化为气体溢出，从而有效提高前置库内污染物的净化效率（见图6-14）。

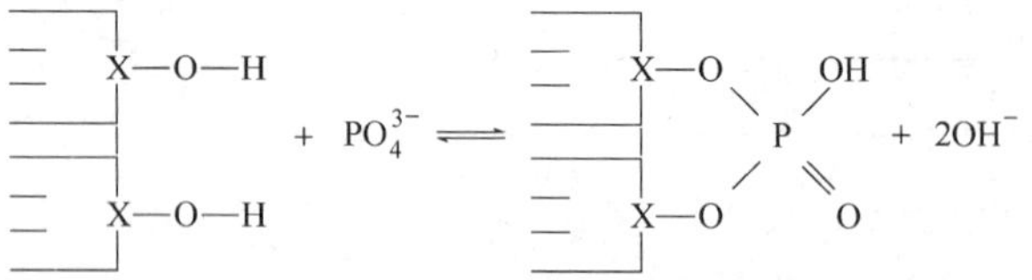

图 6-14　吸附剂除磷过程示意图

同时有研究表明，吸附剂载体对氨氮吸附量较大，而且氨氮的吸附位与磷酸盐吸附位不同，即二者不发生竞争吸附。这主要是在吸附剂表面氨氮多发生物理吸附[26]，而磷酸根发生化学吸附（络合作用）[27]。这也是吸附剂对氨氮和 TP 都保持着较高吸附容量的原因所在。

6.2.2　稀土吸附剂技术经济分析

本次针对稀土吸附剂在前置库内的应用，只做粗略的技术经济分析。

6.2.2.1　技术性分析

首先，稀土吸附剂基础领域研究已开展多年，实践证明其无毒无害，而且可以实现氮磷的同步吸附去除，对磷的吸附量尤其明显。其次，稀土吸附剂吸附磷后的再生 pH 值在 10 以上，也就是说河水维持在 pH 值为 6.5～8.5 的范围内，被吸附的磷具有良好的稳定性，即吸附剂具有"锁磷"的效果。所以吸附态的磷不会随风浪浮起后解吸，导致磷浓度的升高。最后，前置库区域培植有沉水、挺水植物，拥有发达的植物根系，低泥中有丰富的微生物，都可以不同程度地利用沉积的磷酸盐。剩余的磷酸盐随着清淤被彻底从水中清除。

6.2.2.2　运行成本分析

前置库水力停留时间为 24.8h，设计流量为 $1.0m^3/s$，$86400m^3/d$，全年平均处理量可达 3200 万吨/年。

前置库设计库容 $89290m^3$，按设计吸附剂投加量为 $1.0g/m^3$ 库容计算，则全年需要投加稀土吸附剂 178.6kg，折合成硫酸铈 1.47kg，工业级硫酸铈价格 6600 元/kg。沸石按 500 元/t 计算，则全年需要原料费用为 9791 元，人工费按价格的 10% 选取（可由管理人员投加），则全年吸附剂投加共需要费用 10770 元。

因此，因投加稀土吸附剂示范工程需要增加的成本为：0.0004 元/m^3 河水，其成本可以忽略不计。

6.2.3　生态防护墙强化除磷机理

生态防护墙若采用泥土填充，增加墙体的受力，在风浪的冲击下易导致墙体破坏。为避免防护墙因水力冲击受损，同时增加水力联系，本试验采用轻质陶粒

填料 ($d_{中}$ 为 (2.5 ± 0.7) mm) 作为填充物，可以有效吸附磷酸盐[28]。陶粒表面凹凸不平，遍布空隙，有利于原水中污染物吸附于其表面供微生物附着生长，同时有利于前置库内部与滇池水体的水力交换。

6.3 生物稳定性及有机物分子量分布特性

6.3.1 前置库 AOC 的去除效果

生物可同化有机碳（AOC），是反映饮用水生物稳定性的一个重要指标，它直接表达水体有机物能否直接被细菌同化成细菌体的部分。AOC 只是单一细菌合成代谢对有机物的消耗，是有机物中最易被细菌同化成菌体的部分。一般认为[31]：当 AOC<10μg（乙酸碳）/L 时，异养细菌几乎不能生长，饮用水生物稳定性很好；当 AOC<54μg（乙酸碳）/L 时，大肠杆菌不能生长；当 AOC<100μg（乙酸碳）/L 时，给水管网中大肠杆菌数大为减少。因此，在不加氯的情况下，保持 AOC<10~20μg（乙酸碳）/L；在加氯的情况下，保持 AOC<50~100μg（乙酸碳）/L 时，水质能达到生物稳定。

生物稳定性指标不但对供水有着显著的现实意义，而且对于微污染水体生物持续可利用性也有其研究价值[32]，对于研究可以评价前置库示范工程长期运行的稳定程度，为今后类似河道的生态治理提供理论和工程依据。

在前置库示范工程稳定运行的情况下，本书作者分析了前置库示范工程区在暴雨期及旱季时的 AOC 浓度变化及去除率，旱季时保持 HRT 为 1~7d 时的 AOC 浓度变化及去除率试验结果见图 6-15。雨季时保持 HRT 为 1~7d 时的 AOC 浓度变化及去除率试验结果见图 6-16。

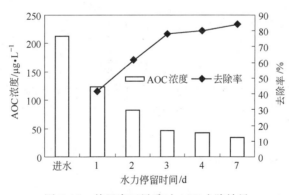

图 6-15 前置库区旱季时 AOC 去除效果

旱季进水 AOC 浓度为 213μg/L，当水力停留时间 HRT 分别为 1d、2d、3d、4d、7d 时，前置库出口处 AOC 浓度分别为 123μg/L、83μg/L、47μg/L、43μg/L 和 34μg/L，相应的去除率分别为 42%、61%、78%、80% 和 84%，在试验的前

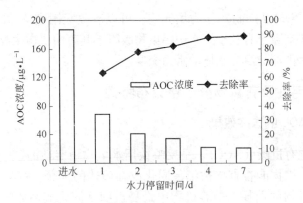

图 6-16　前置库区雨季时 AOC 去除效果

3d 内，AOC 的去除速率较快，HRT 从 3d 增加到 7d 时，AOC 去除率仅增加 6%，去除速率明显降低。纪荣平等[34] 在预处理太湖富营养化水时向反应器添加人工介质，当介质密度为 26.8% 时，水力停留时间分别为 3d、7d 时，AOC 的去除率分别为 8.56%、33.1%。吴义锋利用生态混凝土处理微污染河水时，在进水浓度 152μg/L，在 HRT 分别为 2d、4d、6d 时，相应的去除率分别为 16.4%、28.3%、33.6%。本次实验结果优于吴义锋等人[35] 的研究结果，其原因可能为本试验中栽培了大量的水生植物、浮岛，并且采用生态墙、稀土吸附剂强化手段的结果。

　　试验雨季进水 AOC 浓度为 187μg/L，当水力停留时间 HRT 分别为 1d、2d、3d、4d、7d 时，前置库出口处 AOC 浓度分别为 69μg/L、41μg/L、34μg/L、22μg/L 和 21μg/L，相应的去除率分别为 63%、78%、82%、88% 和 89%。在试验的前 2d 内，AOC 的去除速率较快，HRT 从 2d 增加到 7d 时，AOC 去除率仅增加 11%，去除速率明显降低。

　　比较旱季与雨季的 AOC 去除效果不难发现，AOC 的去除作用主要在最初的时间内完成，因为 AOC 代表微生物最容易消耗的部分有机物，微生物在新陈代谢过程中对这部分有机物的利用只需要很短的时间，延长水力停留时间并不能有效提高 AOC 的去除率。

6.3.2　前置库 BDOC 的去除效果

　　可生物降解溶解性有机物（BDOC），也是反映水生物稳定性的一个重要指标，是水中细菌和其他微生物新陈代谢的物质和能量的来源，包括其同化作用和异化作用的消耗。一般以 BDOC 衡量水处理单元对有机物的去除效率、预测需氯量和消毒副产物的产生量；以 AOC 衡量给水管网细菌生长潜力。虽然 AOC 和 BDOC 都是为了测定饮用水中微量的可生物降解有机物，但由于测定的方法不同, 物理意义不一样, 因此测定结果也就有不同的含义。BDOC 不仅包括有机物被异养菌无机化的部分, 也包括细菌合成菌体的部分, 即包括同化作用的部分, BDOC 应是细菌合成代谢和分解代谢对有机物消耗的总和。

目前对 AOC 和 BDOC 与细菌生长关系的认识还处于初步探索阶段, 缺乏足够的证据和理论依据。多数学者认为, 当 BDOC<0.1mg/L 时, 大肠杆菌不能在水中生长, BDOC<0.2~0.25mg/L 时, 水质能达到生物稳定[35,36]。但多数研究者关注饮用水中的生物稳定性, 而对一般意义的微污染河流生物稳定性研究不足。

在监测 AOC 的同时也进行了 BDOC 的监测, 旱季及雨季不同 HRT 时的研究结果分别见图 6-17 和图 6-18。旱季时前置库进水 BDOC 的初始浓度分别为 1.936mg/L, 当水力停留时间 HRT 分别为 1d、2d、3d、4d、7d 时, 前置库出口处 BDOC 浓度分别为 1.427mg/L、1.324mg/L、1.127mg/L、0.951mg/L 和 0.782mg/L, 相应的去除率分别为 26.3%、31.6%、41.8%、50.9% 和 59.6%。雨季时前置库进水 BDOC 的初始浓度为 1.534mg/L, 当水力停留时间 HRT 分别为 1d、2d、3d、4d、7d 时, 前置库出口处 BDOC 浓度分别为 1.069mg/L、0.922mg/L、0.765mg/L、0.557mg/L 和 0.425mg/L, 相应的去除率分别为 30.3%、39.9%、50.1%、63.7% 和 72.3%。

研究发现, 虽然 BDOC 去除率也是随着 HRT 的增加而增加, 但与 AOC 的去除速率相比, BDOC 的去除速率较小。随着 HRT 的增加 BDOC 的去除率增加明显, 基本呈直线上升趋势, 而 AOC 的去除在 HRT=3d 时基本达到 70%以上, 这也反映了 AOC 和 BDOC 生物利用方面的差异。比较图 6-17、图 6-18 与图 6-15、图 6-16 的研究结果, 无论是 AOC 和 BDOC 的去除率, 在相同 HRT 的情况下, 雨季时的去除率都大于旱季时的去除率, 这与 COD 的研究结论也是一致的, 主要是因为雨季时的植物长势较旺盛, 生物生长活跃造成的。

而不采取任何措施的水体研究发现, 随着 HRT 的提高 AOC 和 BDOC 的去除

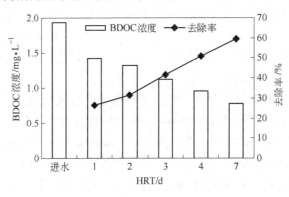

图 6-17 前置库区旱季时 BDOC 去除效果

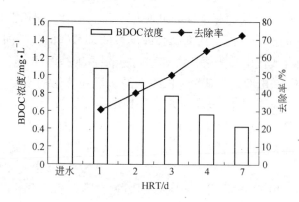

图6-18　前置库区雨季时 BDOC 去除效果

率变化都较小，远远达不到示范工程区的数量级，可见综合前置库系统可有效去除 AOC、BDOC 等污染物，提高微污染水体净化的安全性。

6.3.3　前置库区有机物分子量分布特性

有机物分子量分布是研究水中有机物特性和转化规律的重要方法，有机物的分子量往往与工艺技术去除污染物的能力及特点有关[37]。现在分析技术的发展也提供了多种分析有机物分子量的方法，但限于分析技术的原因，精确地对水中所有有机物进行分类，特别是根据有机物官能团进行分类往往比较困难，甚至不可能实现。较实用的技术有空间排斥色谱（GPC）、X 射线衍射、凝胶层析、静态或动态光散射、分子过滤（超滤和纳滤）和电子显微镜观察等。空间排斥色谱（GPC）、X 射线衍射、凝胶层析等分析方法测定分子量时，具有分析快捷的特点，但一般难以分析不同分子量范围或某一分子量下有机物的含量，且样品制备复杂，制备样品的过程中可能改变水中有机物形态，影响测定结果[38]。

膜过滤技术测定水中有机物分子量的方法是采用截留不同分子量的超滤膜或纳滤膜对水样进行过滤，测定滤过水样的总有机碳（TOC），得到水中有机物分子量的区间分布。本次实验所采用分离膜系列有：0.45μm 微滤膜、截留分子量100kD、10kD、3kD、1kD、0.5kD 的超滤膜，超滤膜由美国 Millipore Corporation 生产。

2008 年 7～8 月和 2009 年 3～4 月分别进行了有机物分子量分布特性试验，用于研究前置库示范工程区在旱季和雨季典型时段内的分子量分布。实验中的水深范围为 0.8～3.0m，雨季时植物长势良好，旱季时植物长势稍差，但选择时间段可以代表整个研究期间的最好水平。旱季和雨季 HRT 为 1d、2d、4d 在前置库出水口处取水样进行有机物分子量监测，并于前置库进水点分子量分布进行比较，试验结果见图 6-19 和图 6-20。

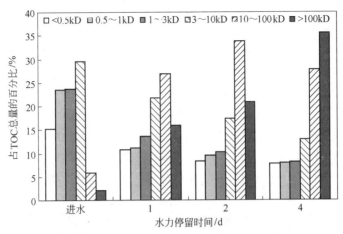

图6-19 旱季有机物分子量分布特性与HRT关系

由图6-19和图6-20可以看出，无论是旱季还是雨期，进水中的有机物分子量小于3kD道尔顿的有机物都占到60%以上，0.5～10kD区间占溶解性有机物含量达到80%，分子量大于10kD道尔顿的有机物不足20%，由此说明前置库来水中有机污染物主要为小分子量有机物，而前置库属于面源污染为主的农村地区，其小分子量说明污染水体可生化性较好，表明前置库较适合于示范工程区的污染物净化。分析图中分子量分布的变化可以发现：

（1）随着时间推移，小分子有机物比例呈减少趋势而大分子有机物比例逐渐增加，这主要是因为小分子有机物在前置库中被充分净化，从而导致大分子有机物比例提高，但总体数量仍在减少；

（2）无论是旱季还是雨季，前置库对分子量分布都存在明显的影响，且对各类型的污染物均有一定程度的净化，且对小分子有机物净化效果要好于大分子有机物。

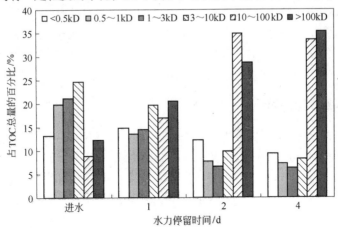

图6-20 雨季有机物分子量分布特性与HRT关系

　　图6-21为前置库区TOC浓度随HRT的变化，进水TOC含量维持在(11.4±0.2)mg/L。在实验过程中，水力停留时间在1d、2d、4d时旱季TOC的去除率分别为13.5%、23.9%、28.66%；雨季TOC的去除率分别为17.3%、26.8%、29.3%，水体中有机物得以有效去除。在两个试验周期内TOC削减量分别为4.14mg/L和5.34mg/L，其中，分子量小于10kD道尔顿的有机物在前置库内被有效去除，而大分子有机物含量也逐渐降低，这表明前置库技术对分子量较小的有机物去除能力较强，且随着时间推移大分子有机物被转化为小分子有机物。结合图6-21和图6-20分析，分子量小于10kD道尔顿的有机物占70%以上；分子量大于10kD道尔顿的有机物去除效果不明显，雨季时TOC去除率占总去除量的30%左右。试验结果表明，前置库综合系统对不同分子量有机物的去除特性与进水的水质特点有关。示范工程所在地东大河沿途主要为农村地区，沿途接纳了村镇生活污水和部分工业废水，以及降雨径流携带的土壤有机质等，因此东大河水中的有机物主要来自面源污染。

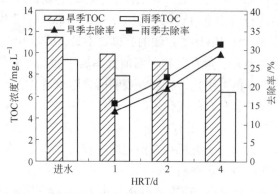

图6-21　TOC浓度变化与HRT关系

　　两个试验周期的运行结果表明，无论旱季和雨季前置库示范工程，对分子量较大和分子量较小的有机物均有较好地去除效果，且对小分子有机物去除效果明显，提高了水体的生物稳定性和安全性。与东大河河水直接进入滇池湖内相比，有效拦截了进入湖泊的有机污染物，提高了生物稳定性。

6.4　微生物群落分析及净水效应

　　前置库示范工程净水作用主要来自于水生生态系统中各类生物的共同作用，包括微型生物和大型生物。其中微型生物包括细菌、藻类、原生动物、微型后生动物等，它们在水体中分布广泛，在生态系统中占据着各自的生态位，彼此间有着复杂的联系和相互作用，构成特定的生物群落，对外界环境胁迫因子能产生快速而有效的特殊反应[39]。当水环境发生变化时，水生生物的群落结构和个体数量将会发生显著变化。其主要理论是利用生命有机体对污染物的反应来直接表征环境质量好坏以及所受污染的程度[39]。近年来，在水处理领域特别是生态化处理领域，生物监测越来越受到重视，呈现与化学监测并驾齐驱之态势[6]。

本次微生物群落监测主要研究内容包括微型生物群落监测、水体中的浮游植物、浮游动物、水中细菌总数以及底栖动物的跟踪监测，并与前置库净化水体的过程联系起来，探索生态系统微生物群落与水质净化的关系，为前置库生态系统的稳定持续净化水体提供微生物学的理论解释。

6.4.1 生物群落特征及水质关联性

6.4.1.1 生物群落的种类监测

生物种类的监测试验共设置 3 个监测点，分别为前置库生物净化区、滇池对照点、东大河原水，监测时间段为前置库高效净化的夏季（2008 年 7~8 月）。

在将近一个月的生物监测试验中，三个监测点共采集微型生物 84 种，其中植物性鞭毛虫 32 种，占物种总数的 38.1%；动物性鞭毛虫 8 种，占总数的 9.5%；肉足虫 14 种，占总数的 16.7%；纤毛虫 17 种，占总数的 20.2%；微型后生动物 13 种（其中轮虫 9 种、枝角类 2 种、桡足类 2 种），占总数的 15.5%。在横向对比中，滇池对照点检出微生物 33 种，前置库区检出微生物 56 种，东大河原水检出微生物 46 种，微型生物检出种类见表 6-2。

表 6-2 试验期间检出微生物种类

种 类 名 称	前置库净化区	东大河	滇池对照点
植物性鞭毛虫			
集星藻 Actinastrum hantzschii	+	+	+
六臂角星鼓藻 S. senariam	+		
内卷瓣胞藻 Petalomonnas involuta			+
二角多甲藻 Peridinium bipes	+	+	
寡枝刚毛藻 C. oligoclona	+		
链丝藻 U. flaccidum			
二角盘星藻 Pediastrum duplex	+	+	
梅尼小环藻 C. meneghiniana	+	+	+
方鼓藻 C. quadrum	+		+
单形丝藻 U. aequalis	+	+	
球团藻 Volvox globator	+		
三角四角藻 T. trigonum	+	+	
迪格梭形鼓藻 Netrium digitus			+

种 类 名 称	前置库净化区	东大河	滇池对照点
小空星藻 *C. microporum*	+	+	
小型卵囊藻 *O. parva*	+		+
空球藻 *Eurdorina elegans*		+	
拟菱形弓形藻 *S. nitzschioides*	+	+	
多形丝藻 *U. variabilis*	+		
池生毛枝藻 *Stigeoclonium stagnatil*			+
被甲栅藻 *S. armatus*	+	+	+
硬弓形藻 *S. robusta*		+	
实球藻 *Panadorina morum*	+		
四角十字藻 *C. quadrata*			+
针形纤维藻 *A. acicularis*	+	+	
库氏新月藻 *C. kuetzingii*	+	+	+
小新月藻 *C. parvulum*	+	+	
单角盘星藻 *P. simplex*	+		
短棘盘星藻 *P. boryanum*		+	
四尾栅藻 *S. quadricauda*	+		+
并联藻 *Quadrigula chodatii*	+	+	
微绿舟形藻 *N. viridula*			+
近缘针杆藻 *Synedra affinis*	+		+
鞭毛虫纲			
球波豆虫 *Bodo globosus*		+	+
群领鞭虫 *Codosiga disjuncta*	+		
长尾滴虫 *Cercomonas longicauda*	+		+
阿氏波豆虫 *Bodo alexeieffii*	+	+	+
瓶领鞭虫 *Lagenoeca ovata*	+	+	
单领鞭虫 *Monosiga ovata*			
微小无吻虫 *Calutricvia parva*	+	+	
易变波豆虫 *Bodo mutabilis*	+	+	+
肉足虫纲			
盖厢壳虫 *Pyxidicula operculata*		+	
晶盘虫 *Hyalodiscus*	+		
普通表壳虫 *Arcella vulgaris*	+		+
砂壳虫属 *Difflugia*	+		+

种 类 名 称	前置库净化区	东大河	滇池对照点
绒毛变形虫 Trichamoeba villosa	+	+	
蠕形哈氏虫 Hartmannella vermiformis	+		
池沼多核变形虫 Pelomyxa palustris	+	+	
大变形虫 Amoeba proteus	+		
条纹变形虫 Striamoeba striata		+	
盘变形虫 Discamoeba	+		
甲变形虫 Thecamoeba	+	+	+
双核云变虫 Sappinia		+	
明亮囊变形虫 Saccamoeba lucens	+		
针棘匣壳虫 Centropyxis aculeata			+
纤毛虫纲			
瓶累枝虫 Epistylis urceolata	+		+
尾草履虫 Paramecium caudatum	+	+	
背状棘尾虫 Stylonychia notophora		+	+
契氏片尾虫 Urosoma cienkowskii		+	
卵圆前管虫 Prorodon ovum	+	+	
细领颈毛虫 Trachelocerca tenuicollis		+	
尾拟瘦尾虫 Paruroleptus caudatus	+		
领钟虫 Vorticella aequilata		+	+
似后毛虫 Opisthotricha similis		+	
近亲殖口虫 Conostomum affine	+	+	
片状漫游虫 Litonotus fasciola	+	+	+
叶绿尖毛虫 Oxytricha chlorelligera		+	
绿尾枝虫 Urostyla viridis			+
透明鞘局虫 Vaginicola crystallina	+		
钩刺斜管虫 Chilodonella uncinata			+
天鹅漫游虫 Litonotus cygnus	+	+	+
膜状急纤虫 Tachysoma pellioella		+	
轮 虫			
矩形臂尾轮虫 Brachionus leydigi	+	+	
椎尾水轮虫 Epiphanes senta	+	+	+
懒轮虫 Rotaria tardigrada	+		
转轮虫 Rotaria rotatoria	+	+	

种类名称	前置库净化区	东大河	滇池对照点
真足哈林轮虫 *Harringia eupoda*		+	
长足轮虫 *Rotaria neptunia*	+		
罗氏异尾轮虫 *Trichocerca rousseleti*	+	+	
小巨头轮虫 *Cephalodella exigua*			+
尾棘巨头轮虫 *Cephalodella sterra*	+		
枝角类、桡足类			
水螨 *Araohinda*	+		
秀体溞 *Diaphanosoma*	+	+	
线虫 *Nemato*	+		
平直溞 *Pleuroxus*			+
物种总数	56	46	33

　　一般说来，微生物构成按营养方式可分为六大功能类群，即生产者（P）、食菌—碎屑者（B）、食藻者（A）、腐养者（S）、食肉者（R）和无选择的杂食者（N）。在干净的水体中，PFU 群集的微型生物种类 P、A 类群种类较多，植物性鞭毛虫比例高，由此表明水体中自养型微生物在生物群落中比例越高，反映水质越好。随着水体有机污染程度的提高，群集的微型生物种类减少，异养型的原生动物比例增加[40,41]，因此，可以用微生物群落的主导类型来判断水质的好坏。

　　图 6-22 为前置库区、东大河和滇池对照点的微型生物种类数及植物性鞭毛虫所占比例。由图 6-22 可以看出前置库检出 56 种，东大河检出 46 种，滇池对照点检出 33 种微型生物。在微型生物群落构成中，前置库区、东大河和滇池对照点植物性鞭毛虫分别占各自物种总数的 41.1%、38.9% 和 36.4%，前置库区的自养型生物比例较高，表现为自养型，水质较好，生物群落趋于稳定，而对照点滇池水体的异养型微生物的种类比例最高，说明微型生物群落中生物物种趋于

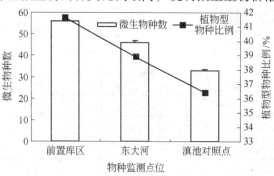

图 6-22　PFU 微型生物群落数和植物型物种比例

不平衡，生态系统脆弱，水质则表现为异养型，滇池水体水质较差；东大河河水水质较滇池水质偏好，进入前置库后水质改善效果明显。

在整个雨季（2008 年 6～9 月）的跟踪监测中，随着前置库物理化学强化、水生植物生长茂密和微生物的变化，氮、磷、有机物浓度也随之降低，水体透明度提高，丝状菌长势明显，逐渐成为优势种，致使前置库区域微生物群落植物性鞭毛虫比例较高。在雨季的后期，PFU 内观察到了水溞、线虫等微型后生动物，特别是轮虫的出现、捕食关系的确立，水体水质改善越来越明显。这与课题组吴义锋博士研究结论类似[9]，但观察到的物种数量少于前者，估计主要原因是污染类型不同造成的，吴义锋研究的黄浦江水受生活源和工业源的共同影响，而本次研究主要来自面源污染。

6.4.1.2 微型生物群集过程及特征参数

根据聚氨酯泡沫塑料块（PFU）在各监测点第 2d、4d、6d、8d、10d、12d、16d、20d 观察到的微型生物种类数，得到 PFU 微型生物群落的群集曲线，见图 6-23。从微型生物群落群集曲线的整体变化特征来看，前置库与东大河 PFU 内群集的微型生物种类数随时间延长先增多后下降。前置库区在 2d、4d、6d 时观察到的微型生物种类数分别达到 8 种、16 种、21 种，生物多样性指数高于东大河原水和滇池对照点，表明前置库区微型生物群集速率较快。6d 后前置库观察的种类呈现降低趋势，主要因为前置库污染物去除速率较快，优势种属丝藻属迅速生长，PFU 内相继观察到轮虫及桡足类、枝角类等微型后生动物，因捕食关系致使生物种类减少。东大河原水贮水池内的微生物种类数 12d 达到最大，然后逐步降低。滇池对照点 20d 时仍未发现微生物种类数下降的现象。

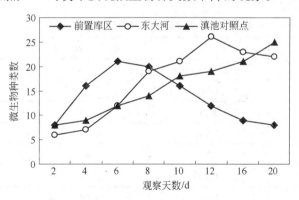

图 6-23 PFU 内微型生物种数随时间变化

PFU 微型生物群落的群集过程符合 MacArthur-Wilson 岛屿区域平衡模型[42]，由此可计算微型生物群集过程的三个功能参数（Seq、G、$T_{90\%}$），计算公式为：

$$S_t = Seq(1 - e^{-G_t})$$ (6-1)

式中，S_t 为 t 时种数；Seq 为平衡时种数；$T_{90\%}$ 为达到 90% Seq 所需要的时间。计算结果见表6-3，从表中可知，前置库区微型生物群落平衡种数与东大河、滇池对照点相比，集群速度较快，微型生物群落的种类相对较少，达到 90% 平衡种数的时间最短，说明本试验强化的前置库示范工程技术能迅速净化进入滇池的河水水质，优化水生生态系统。从图 6-23 和表 6-3 还可看出，水质较好的监测点微生物群集速率较快，表明水体生态功能具有强大的自我调节能力，这与陈廷等[40]提出的微型生物群落的指示作用是一致的。

表6-3　PFU微生物集群参数回归结果

监测点位	Seq	G	$T_{90\%}$
前置库区	22.34	0.88	4.33
东大河原水	27.76	0.62	7.89
滇池对照点	31.46	0.41	18.99

6.4.1.3　微型生物生物量及多样性指数

一般来说，微型生物群落的多样性指数综合反映了水质状况，在环境胁迫条件下水生生物群落的多样性和种类数均呈减少的趋势。应用 magalaef 多样性指数计算公式，计算前置库区、东大河和滇池对照点微型生物群落的多样性指数见表 6-4。结果显示：前置库区域的微生物多样性指数 8d 内数值较大，并在 4d 时达到峰值，多样性指数为 2.34，表明前置库微型生物群落群集速率大，微生物种类数 6d 时即达到平衡状态，6d 以后由于微生物种类数下降，水体透明度升高，生物量降低，多样性指数呈现下降趋势。

表6-4　微生物群落多样性指数分析结果

观察时间/d	观 测 点 位		
	前置库净化区	东大河	滇池对照点
2	1.98	1.13	0.56
4	2.34	1.45	0.78
6	2.23	1.79	0.88
8	2.17	1.87	1.14
10	1.78	2.03	1.29
12	1.24	1.69	1.55
16	1.01	1.45	1.68
20	0.77	1.26	1.87
$\overline{X}\pm S.D.$	1.69±0.24	1.58±0.57	1.22±0.65

在相同的条件下，东大河和滇池对照点的多样性指数均小于前置库内的数

值，二者的多样性指数分别为 2.03 和 1.87。这也表明滇池水体已经处于富营养化状态，水体的多样性指数明显偏低，水质劣于东大河河水。

6.4.1.4 水质效应评价

为分析水质净化过程与生物群落变化的关系，在上述微型生物群落监测的同时，也同步进行了水质监测。在分析此部分试验时多余水量经旁流湿地净化后排放，2008 年 6~9 月水质监测结果及评价见表 6-5。

表 6-5 前置库及东大河监测水质及评价

监测点及指标		2d	4d	6d	8d	12d	16d	20d
前置库	高锰酸盐指数	4.26	3.47	2.89	2.66	2.53	2.24	2.22
	NH_3-N	0.85	0.73	0.69	0.58	0.51	0.48	0.42
	NO_3-N	3.11	2.87	2.53	2.44	2.13	2.01	1.83
	TN	4.42	4.03	3.87	3.78	3.29	3.19	2.99
	TP	0.08	0.04	0.04	0.04	0.048	0.042	0.051
	SS	38.4	21.4	15.8	13.2	12.1	12.9	9.8
	DO	6.49	7.87	8.14	8.25	7.89	7.91	8.04
	污染指数	2.83	0.87	0.72	0.51	0.48	0.44	0.41
东大河对照	高锰酸盐指数	4.88	4.68	4.36	4.22	3.87	3.56	3.22
	NH_3-N	1.05	1.01	0.98	1.03	1.00	0.87	0.82
	NO_3-N	3.48	3.22	3.08	2.99	2.89	2.75	2.19
	TN	4.56	4.41	4.22	4.09	3.89	3.76	3.54
	TP	0.13	0.09*	0.07	0.078	0.061	0.065	0.050
	SS	56.8	37.9	20.8	18.1	13.8	12.9	13.9
	DO	5.49	5.78	6.01	5.89	5.46	5.36	5.24
	污染指数	3.16	2.98	2.52	1.97	1.32	1.04	0.97

注：除污染指数外单位均为 mg/L。

由表 6-5 可以看出，前置库对污染物削减效果明显，特别是增加生态防护墙、投加稀土吸附剂后，很大程度上提高了前置库净化水质的功能，改善了水体的生态功能。评价水质功能时按照化学综合污染指数的规定进行，水质执行地表水Ⅲ类，评价结果见表 6-5。

从表 6-5 中可以看出，进水的综合污染指数约为 3.16，进水污染存在污染。但随着河流流入前置库后，水质明显好转，在 2d 时污染指数已经达到 0.87 可以达到水质功能要求，随后水质仍继续得到改善。而不采取任何措施的东大河本身，在经过约 20d 的自净后水质才能达标，表明前置库依靠物理、化学和生物的共同作用，能够改善进入滇池的河水水质。

6.4.2　微生物动态变化分析

浮游生物是指悬浮在水体中的生物，多数个体小，游泳能力弱或完全没有游泳能力，是一种随波逐流的生命体。浮游生物可分为浮游植物和浮游动物两类，浮游植物在淡水中主要表现为藻类，且以单细胞、群体或丝状形式出现。浮游动物则是由原生动物、轮虫、枝角类和桡足类等后生动物组成。浮游生物是水体中食物链中的基础，在水生态系统中占有重要的地位。浮游生物作为水质的指示生物，代表着某一水体水质的优劣。而用着生生物（如硅藻）来表示水体（如湖泊、水库、池塘）污染程度极具说服力。同时底栖动物的变化也昭示着水体污染程度及对污染物的敏感程度。因此，通过对浮游生物及底栖动物的监测可以发现，前置库区水质改善程度及水体生态系统的转化情况。

而藻类各类群在群落中所占比例也往往作为污染的指标。绿藻和蓝藻数量多，黄藻和金藻数量少，往往也是污染的象征，而绿藻和蓝藻数量下降，黄藻和金藻数量的增加，则反映水质的好转。在示范水体的监测过程中，最初的水样中只有蓝藻和绿藻，没有金藻，随着试验进一步深入，逐渐出现了黄藻、金藻和绿藻，且蓝藻的数量开始明显下降。

随着时间的推移，前置库区水体中的浮游植物种类、数量及组成结构，均发生了不同程度的改变，以水华束丝藻、水华微囊藻及铜绿微囊藻为代表的有害藻类的生长受到了明显的抑制，小环藻、隐藻、栅藻、盘星藻、颤藻和衣藻等其他藻类有所增加，主要种群和优势种群的生长、消亡规律，与各对照条件下的情况相比，发生了明显的变化，为水体水质的持续好转和改变，滤食性鱼类的生长，提供了强有力的支撑和保障，为修复并建立水体的食物链奠定了基础。

试验进行初期，示范区域水体中以藻类为主，很少见到原生动物，从 2008 年 7 月份开始，水体中有大量的原生动物出现，表明前置库进入良好的净化阶段，随后水体中出现大量枝角类动物，一些以吞噬游离细菌为生的小型原生动物出现并大量繁殖，而以小型原生动物、藻类为食的轮虫等大型原生动物以及后生动物则增长迅速，如臂尾轮虫、龟甲轮虫，在前置库区采样中均可见到。水体中生物种群数量的变化反映了水体正在向较高级的生态群落演替，表明前置库净化水体的生态功能是稳定的、高效的。

6.4.2.1　浮游植物监测动态变化

浮游植物种类检测到属。监测时间段选择与微生物群落监测同步，整个示范工程监测阶段共检出浮游植物种类 69 属，含绿藻（*Chlorophyta*）26 属、蓝藻（*Cyanophyta*）15 属、硅藻（*Bacillariophy*）14 属、裸藻（*Euglenophyta*）2 属、隐藻（*Cryptophyta*）、黄藻（*Xanthophyta*）、甲藻（*Pyrrophyta*）和金藻（*Chrysophyta*）各 1 属，水体中各次检出的浮游植物均为淡水水体中的常见种类，未见植物种类发生大的变异。整个试验过程共跟踪的浮游植物种类见表6-6，浮游植物的密度动态变化见图6-24。

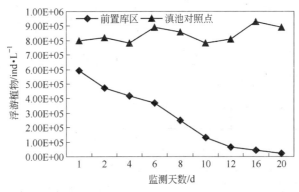

图6-24 浮游植物的密度动态变化情况

可以看到在绘出的20d浮游植物变化中，随着时间的推移，种类逐渐减少，水体透明度升高，主要以丝藻属为主，而滇池对照点密度明显高于前置库区。前置库区域抑制藻类生长，其主要原因是大量水生植物的净化作用，再辅助添加吸附剂和构造生态防护墙，使得前置库区pH值、ORP、DO等水质参数均稳定在一定的范围内，同时水生生态趋于稳定，有效降低了藻类的大量繁殖。

表6-6　试验期间浮游植物的分布情况

浮游植物种类	前置库区	滇池对照点
蓝藻门 *Cyanophyth*		
微囊藻 *Microcystis*	+	+
腔球藻 *Goelosphaerium*		
胶球藻 *Gloeocapsa*	+	
楔形藻 *Gomphosphaeria*		+
平裂藻 *Gomphosphaeria*	+	+
蓝球藻 *Chroococcus*		
蓝弧藻 *Cyanarcus*	+	+
蓝纤维藻 *Dactylococcopsis*	+	+
束丝藻 *Aphanijomenon*	+	+
林氏藻 *Lyngbya*	+	+
鱼腥藻 *Anabaena*	+	
颤藻 *Oscillatoria*	+	+
螺旋藻 *Spirulina*	+	+
绿藻门 *Chlorophyta*		

浮游植物种类	前置库区	滇池对照点
衣藻 *Chlamydomonas*	+	+
小球藻 *Chlorella*	+	+
空球藻 *Eudorina*	+	+
浮球藻 *Planktosphaeria*		+
棘球藻 *Acanthosphaera*		
实球藻 *Pandorina*		+
卵囊藻 *Oocystis*		+
肾形藻 *Nephrocytium*		
微芒藻 *Micractinium*		+
聚镰藻 *Selenastrum*		
柯氏藻 *Chodatella*		
弓形藻 *Schroederia*	+	
四角藻 *Tetraedron*	+	+
十字藻 *Crucigenia*		+
集星藻 *Actinastrum*	+	+
纤维藻 *Ankistrodesmus*	+	
盘星藻 *Pediastrum*	+	+
栅藻 *Scenedesmus*	+	+
拟新月藻 *Ciosteriopsis*	+	
新月鼓藻 *Closterium*		+
角星鼓藻 *Staurastrum*	+	
鼓藻 *Cosmarium*		
丝藻 *Ulothrix*		
转板藻 *Mougeotia*		
空星藻 *Coelastrum*	+	+
硅藻门 *Bacillariophyta*		
直链藻 *Melosira*	+	
小环藻 *Cyclotella*	+	
卵形藻 *Cocconeis*		
脆杆藻 *Fragilaria*	+	
针杆藻 *Synedra*	+	
舟形藻 *Navicula*	+	
双菱藻 *Surirella*		

浮游植物种类	前置库区	滇池对照点
菱形藻 *Nitzschia*	+	
隐藻门 *Cryptophyta*		
隐藻 *Cryptomonas*	+	+
裸藻门 *Euglenophyta*		
裸藻 *Euglena*	+	+
黄藻门 *Xanthophyta*		
黄丝藻 *Heterotrichales*	+	+
甲藻门 *Pyrrophyta*		
角甲藻 *Ceratium*	+	
多甲藻 *Peridinium*		

注：+表示该物种被检出。

6.4.2.2 浮游动物监测动态变化

水中浮游动物主要包括原生动物、轮虫、枝角类、桡足类和其他微型动物。在对前置库及滇池对照水体的各次检测中，原生动物 Protozoa、轮虫 Rotifera、枝角类 Cladocera 及桡足类 Crustacea 四大类浮游动物均有检出，均为淡水水体中常见种类。试验期间前置库及对照点的浮游动物种群变化情况见表6-7。

表6-7 前置库示范区浮游动物数量及优势种

地点 时间	前置库示范区		滇池对照点	
	数量 /ind·L^{-1}	优势种及所占比例/%	数量 /ind·L^{-1}	优势种及所占比例/%
2008 年 1 月 15 日	3610	臂尾轮虫 80	1170	枝角类 46
2008 年 2 月 6 日	5580	龟甲轮虫 62.4	1020	枝角类 61.7
2008 年 3 月 7 日	6480	龟甲轮虫 66.7	1320	龟甲轮虫 27.0，枝角类 25.0
2008 年 3 月 16 日	4890	龟甲轮虫 49.0	1140	枝角类 26.0
		三肢轮虫 29.0		桡足类 24.0
2008 年 3 月 28 日	6130	臂尾轮虫 30.0	900	桡足类 37.0
2008 年 5 月 13 日	6410	枝角类 45	930	臂尾轮虫 48
2008 年 6 月 16 日	9990	臂尾轮虫 93	720	臂尾轮虫 50
2008 年 7 月 17 日	8820	臂尾轮虫 90	6870	臂尾轮虫 72
2008 年 8 月 15 日	13590	多肢轮虫 53	3570	臂尾轮虫 77
2008 年 9 月 10 日	12300	臂尾轮虫 69	1790	枝角类 42

从表6-7的检测结果可以看出：在监测的时间段2008年1月15日～2008年9月10日，前置库示范区检出的浮游动物数量均比同期滇池对照点要多，优势种均为臂尾轮虫（Brachionus sp.），且所占比例较高，而同期滇池对照点的优势种则为枝角类，对照养殖小池优势种虽亦为臂尾轮虫，但相对比例较低；2008年3月份后示范区优势种为各种轮虫，且所占比例较高，而同期滇池对照点的优势种则多为枝角类和桡足类，相对比例亦较低。与实验前的检测结果比较，发现在前置库示范工程运行后前置库试验区中浮游动物的数量，均比同期滇池对照点的多，优势种及所占比例也有所不同。根据相关研究[39]，浮游动物的种群特性对水质好坏具有指示作用，轮虫的出现是水质好转的信号。

试验期间，浮游动物的动态变化过程见图6-25。前置库区浮游动物初始值为3.2×10^3ind/L，滇池对照点为4.8×10^3ind/L。从图中可以看出，整个试验过程对照点的浮游动物变化不大，但前置库区试验结果浮游动物先增加，而后呈现减少的趋势。对比浮游植物的变化情况，估计是浮游动植物之间存在一种平衡关系，当浮游植物数量远远大于浮游动物时，浮游动物数量呈增加趋势，而当浮游动物数量达到一定程度后，浮游植物的数量已经不能满足浮游动物生长的需要，此时浮游动物呈下降趋势。根据前人的研究，浮游动物量与水质综合指数具有明显相关性，本次研究出现了转折点，2008年8月15日和2008年9月10日这一时间段开始出现浮游动物下降点。但浮游植物的下降并没有导致前置库净化效率的下降，这与吴义锋的研究结果一致[9]。

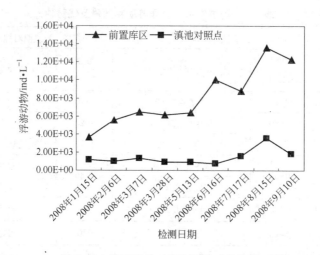

图6-25　前置库及对照点浮游动物变化

6.4.2.3　底栖动物动态变化

底栖动物在水体中生长的相对稳定，其生长状况往往能反映出生存水体的水质好坏，因此，越来越多地被应用到水生生物群落的健康评价及生态稳定性的评价中[13]。而底泥是底栖动物生存的物质基础，其结构、异质性和稳定性等对底栖动物的影响很大，因此通过监测底栖动物的动态变化情况，通常可以反映水体生态处理的效果[13]。在东大河入滇池口建设前置库示范研究区，通过水生生物的繁殖和引入，再附加物理化学等手段的强化，底栖动物的生存环境常常会受到不同程度的变迁，通过监测底栖动物的长期变化，可以为前置库技术的推广应用提供生态学解释。

本研究采用填充砾石的人工基质采样篮，分别沉入前置库区、东大河入前置库前200m和滇池对照点，于2008年4月1日～2008年8月15日间隔一定时间取样后再投入相同位置。在长期的监测中，前置库区检出有泥沼螺（*Assiminea sp.*）、颤蚓（*Tubificid sinicus*）、圆田螺（*Cipangopaludina chinensis*）、摇蚊幼虫（*Chironomus, sp.*）、水丝蚓（*Limnodrilus hoffmeisteri*）等5种底栖动物，以水丝蚓、圆田螺为主但物种个体数量较为均衡，东大河水体检出泥沼螺（*Assiminea sp.*）、颤蚓（*Tubificid sinicus*）、圆田螺（*Cipangopaludina chinensis*）、摇蚊幼虫（*Chironomus, sp.*）、水丝蚓（*Limnodrilus hoffmeisteri*）等5种动物，与前置库水体相同，以水丝蚓、圆田螺为主。而滇池对照点检出线虫（*Nemato*）、水丝蚓（*Limnodrilus hoffmeisteri*）、颤蚓（*Tubificid sinicus*）、摇蚊幼虫（*Chironomus, sp.*）等4种底栖动物，其中线虫为主，物种数量差距大。

对采样篮砾石表面附着生物膜进行分析，通过脂磷法测定微生物量大小，检测结果见图6-26。前置库区、东大河和滇池对照点底泥基质富集生物量最大，分别达到0.23μg(P)/g基质、0.20μg(P)/g和0.083μg(P)/g基质，前置库与东大河水体底泥基质富集程度基本一致，而滇池基质富集微生物的效果较差，主要原因是滇池水体富营养化严重，底泥基质严重缺氧抑制了微生物的富集，这从滇池对照点的几次检测结果可以看出，在富营养化相对严重的四月至六月的生物量明

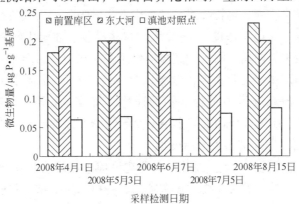

图6-26 微生物生物量动态变化

显低于八月份，主要因为富营养化期大量生物呈现为蓝藻漂浮至水体表面，而且进一步隔绝了氧气等的输入。

同时，比较前置库区和东大河发现，二者的富集能力相当，表明前置库区采用稀土吸附剂、生态防护墙等措施后，并没有改变天然河流富集微生物的能力，也就是说工程的实施不会改变河流的生态功能。

6.5　前置库净化水体的途径探讨

前置库最早用于调节饮用水库的水量调蓄，特别是在洪水期起到缓解主库压力的辅助作用。随着长期用于水库经验的累积，人们发现前置库还可以改善水质尤其是对磷酸盐、悬浮物等去除效果明显[43~45]。

近年来，随着环境工程学科与生态学、水利学、生物学的交叉发展，前置库在水环境治理中逐渐被学者重视，相关的报告也越来越多[12,43,45]。实践证明，前置库技术应用在面源污染治理特别是微污染湖泊、水库和河流的生态修复中，符合生态治理的要求，治理成本较低。

本书根据从小试到示范工程的应用，并结合相关学者的研究成果，将稀土吸附剂、生态防护墙应用到前置库示范工程中，扩展了前置库的技术内涵。试验结果表明，强化的前置库示范工程通过大型水生植物的生物作用，同时各类浮游植物、浮游动物、底栖动物等的微生物作用，并辅助物理、化学等的强化功能，大大改善了进入滇池的东大河河水水质。归纳起来，前置库净化水体的途径主要有：

（1）大型湿生植物如芦苇、水葱、茭草等的吸收、吸附氮磷、有机物，减缓水流并促进 SS 的沉降；（2）稀土吸附剂对氮、磷等的物理吸附和化学吸附，降低了污染物的浓度梯度，进一步促进氮磷向固相中的迁移，通过沉淀沉积于水底，并采用清淤的方式从水中移出；（3）生态防护墙既有效隔离滇池水体，又通过墙体内的微生物膜、陶粒吸附、植物根系土壤吸附、扩散拦截等作用，进一步降低进入滇池的污染物浓度；（4）大型水生植物、浮游生物及植物根系形成生物膜，通过吸附、网捕、附着、絮凝等作用去除水中的悬浮物、胶体颗粒和菌胶团，从而降低水中污染物浓度，改善水生环境；（5）水体中污染物自身的水解、转化，水体流动过程中对污染物的迁移、离散、稀释、扩散等综合作用；（6）因为 pH 值、生物等作用致使水中氨氮等污染物以气体形式挥发、溢出水体等；（7）水体自然蒸发带出少量污染物。

本书通过在面源污染为主的河流末端建设前置库综合生态系统，投加吸附剂、增设生态防护墙，并在水体内设置浮岛、种植水生生物，并逐渐形成各类绿色植物、细菌、藻类、原生动物和后生动物相互制约的复合生态系统，从而净化河流水质，削减进入滇池的面源污染（见图6-27）。

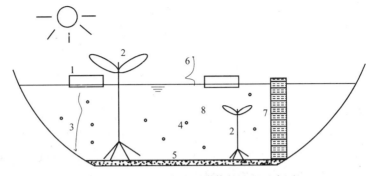

图 6-27 前置库净化污染物的途径示意图

1—浮岛生物作用；2—水生植物作用；3—自然沉降作用；4—物理化学吸附作用；
5—底栖生物作用；6—自然挥发作用；7—生态防护墙综合作用；8—其他作用

6.6 现场试验参数总结

探寻适合前置库运行的参数对于指导前置库的建设有着积极的现实意义。根据两年的示范工程运行情况，总结的参数汇总。

（1）示范工程建设参数：

1）前置库：总面积 64380m²，总容积 89290m³，东西向长约 520m，南北向宽约 150m。2）生态防护墙：分层设置填充物（自上而下：碎石、红土并栽培植物、陶粒填充、砾石），深度 3~5m，宽度 0.6~1.2m。3）前置库分为：沉砂区（为扩散梯形状，顺流方向长 140m，平均宽度 110m，容积 15580m³，水深 0.8~1.2m）、浮岛沉淀区（面积 48800m²，水深 0.75~1.75m，其中分布 80 组人工浮岛，选配植物，总面积 1440m²）、深水植物净化区（种植挺水植物、沉水植物、设置生态防护墙）。4）植物选配：挺水植物芦苇、水芹菜和鸢尾，沉水植物海菜花和金鱼藻，其他植物进行点缀性混配。5）吸附剂投加量：1~4 次/年，按 1.0~1.5g/m³ 容积计。

（2）运行参数：

1）水深：1.2~2.5m。2）水力停留时间：1.3~6.0d。3）进水流速：0.08~1.0m³/s。4）净化效率要求：TN30%，TP60%，COD15%，SS70%。

（3）示范工程建设启示：

1）适宜的前置库水深：0.8~3.0m，根据光照条件进行调整。

2）水力停留时间：1~4d，同时应维持河水在前置库区的流态变化。

可考虑与湿地工程合建，互为补充。

6.7 本章小结

前置库生态系统处理典型污染物小结：

（1）旱季保持 HRT 在 2～3d 时，典型污染物 TN、NH_3-N、COD、SS 去除率分别达到 38.9%、56.8%、33.5%、50% 以上，TP 在很短的时间内可以实现快速沉淀。

（2）雨季保持 HRT 在 3d 时，典型污染物 TN、NH_3-N、COD、SS 去除率分别达到 56.9%、73.4%、41.1%、70% 以上，TP 沉淀速率较快，增加 HRT 不利于其去除率的提高。

（3）雨季时的净化效果均明显好于旱季，雨季、旱季 TN、NH_3-N、TP、COD、SS 的去除率差别在 15% 以上，主要因为雨季时是昆明的夏季，植物长势较好，对污染物的吸附、吸收能力较好。

（4）旱季时前置库系统 TN-TP 去除率存在确定的直线关系，R^2 为 0.9425；TN-TP 去除率较符合对数线性关系，估计造成旱季、雨季不一致的原因是雨季时植物措施的净化作用更加突出，从而削弱了自然沉降作用的结果。

人工强化作用对前置库净化作用改善小结：

（1）在 HRT=2d，稀土吸附剂投加量为 1.0 g/m^3，旱季时氮、磷的去除率分别在 56.8% 和 73.3%；雨季时氮、磷的去除率分别达到 53.7% 和 80.6%。与静态试验结果比较，认为水中泥沙及其他物质对氮、磷去除率有一定的影响。

（2）稀土吸附剂去除氮、磷主要是靠吸附作用，其中磷发生络合反应、氮主要是物理吸附，而且二者的吸附位不同，不存在竞争吸附。

（3）稀土吸附剂用于前置库削减污染物的成本分析表明，因投加稀土吸附剂示范工程需要增加的成本为 0.0004 元/m^3 河水，其成本可以忽略不计。

（4）生态防护墙填料陶粒表面凹凸不平，遍布空隙，有利于原水中污染物吸附于其表面供微生物附着生长，同时有利于前置库与滇池水体的水力联系。

生物稳定性生物群落监测试验小结：

（1）前置库示范工程对 AOC、BDOC 生物稳定性指标有较好地去除效果，当水力停留时间 HRT 分别为 1d、2d、3d、4d、7d 时，前置库出口处 AOC 浓度分别为 69μg/L、41μg/L、34μg/L、22μg/L 和 21μg/L，相应的去除率分别为 63%、78%、82%、88% 和 89%；当水力停留时间 HRT 分别为 1d、2d、3d、4d、7d 时，前置库出口处 BDOC 浓度分别为 1.069mg/L、0.922mg/L、0.765mg/L、0.557mg/L 和 0.425mg/L，相应的去除率分别为 30.3%、39.9%、50.1%、63.7% 和 72.3%。综合前置库系统可有效去除 AOC、BDOC，提高微污染水体净化的安全性。

（2）进水 TOC 含量维持在 (11.4±0.2) mg/L。水力停留时间在 1d、2d、4d 时旱季 TOC 的去除率分别为 13.5%、23.9%、28.66%；雨季 TOC 的去除率分别为 17.3%、26.8%、29.3%，水体中有机物得以有效去除。前置库示范工程对分子量小的有机物去除能力较强，对大分子量污染物也有一定的去除，前置库有效拦截了进入湖泊的有机污染物。

（3）微生物种群检测结果显示，前置库区、东大河和滇池对照点植物性鞭毛虫分别占各自物种总数的41.1%、38.9%和36.4%，前置库区的自养型生物比例较高，水质较好，生物群落趋于稳定。在进水综合污染指数3.16时，2d后污染指数降至0.87，水质明显好转。

（4）试验进行初期（2007年3月份），示范区域水体中以藻类为主。从2008年7月开始，水体中有大量的原生动物出现，表明前置库已经进入良好的净化阶段，一些以吞噬游离细菌为生的小型原生动物出现大量繁殖，而以小型原生动物、藻类为食的轮虫等大型原生动物以及后生动物则增长迅速，如臂尾轮虫、龟甲轮虫。水体中生物种群数量的变化反映了水体正在向较高级的生态群落演替。

（5）前置库区、东大河和滇池对照点底泥基质富集生物量最大量分别达到0.23μg(P)/g基质、0.20μg(P)/g和0.083μg(P)/g基质，前置库与东大河水体底泥基质富集程度基本一致，并没有改变天然河流富集微生物的能力，从生态角度讲是安全的。

参考文献

［1］方华，吕锡武，乐林生，等．饮用水生物稳定性的研究进展与评述［J］．净水技术，2004，23（5）：15～18.

［2］纪荣平，吕锡武．饮用水BDOC、AOC处理技术研究进展［J］．净水技术，2004，23（1）：22～25.

［3］李慧蓉．生物监测技术及其研究进展［J］．江苏石油化工学院学报．2002，14（2）：57～60.

［4］Charpentier J，Martin G，Wacheux H，et al. ORP regulation and activated sludge：15 years of experience［J］．Wat. Sci. Technol，1998，38（3）：197～208.

［5］Kalyuzhnyl S，Sklyar V．Biomineralization of azo dyes and their breakdown products in anaerobic-aerobic hybrid and UASB reactors［J］．Wat. Sci. Technol. 2000，41（12）：23～30.

［6］John Cairns，David Gruber．A comparison of methods and instrumentation of biological early warning system［J］．Journal of the American Water Resources Association. 1980，16：261～266.

［7］沈韫芬，冯伟松，顾曼云，等．河流的污染监测［M］．北京：中国建筑工业出版社，1994.

［8］陈建，沈韫芬．PFU微型生物群落水质鉴别及群落参数变化模式的研究［J］．环境科学学报，2000，20（2）：156～161.

［9］吴义锋．生态混凝土护砌改善微污染水源水质及生态效应研究［D］．东南大学博士论文，2009，4.

［10］Barber W P，Stuckey D C．Nitrogen removal in a modified anaerobic baffled reactor（ABR）：

Denitrification ［J］. Water Research, 2000, 34 (9): 2413~2422.

[11] Burger J. Landscapes, tourism, and conservation ［J］. Science of the Total Environment, 2000, 249: 39~49.

[12] 李彬, 吕锡武, 宁平, 等. 前置库技术在面源污染控制应用研究进展 ［J］. 水处理技术, 2008, 8: 1~5.

[13] Jean-Nicolas Beisel, Philippe Usseglio-Polatera, Jean-Claude Moreteau. The spatial heterogeneity of river bottom: a key factor determining macroinvertebrate communities ［J］. Hydrobjologia, 2000, 422: 163~171.

[14] Benndorf J, Pütz K. Control of eutrophication of lakes and reservoirs by means of pre-reservoirs. I. Mode of operation and calculation of the nutrient elimination capacity ［J］. Wat. Res., 1987, 21: 829~838.

[15] Benndorf J, Pütz K. Control of eutrophication of lakes and reservoirs by means of pre-reservoirs. Ⅱ. Validation of the phosphate removal model and size optimization ［J］. Wat. Res., 1987, 21: 839~847.

[16] S Soyupak, L Mukhallalati, D Yemisen. Evaluation of eutrophication control strategies for the Keban Dam reservoir ［J］. Ecological Modelling, 1997 (97): 99~110.

[17] Ni L. Stress of fertile sediment on the growth of submersed macrophytes in eutrophic waters ［J］. Acta Hydrobiologica Sinica, 2001, 25 (4): 399~405.

[18] 邱东茹, 吴振斌. 富营养浅水湖泊的退化与生态恢复 ［J］. 长江流域资源与环境, 1996, 5 (4): 355~361.

[19] 吕锡武, 宋海亮. 水培蔬菜法对富营养化水体中氮磷的去除特性研究 ［J］. 江苏环境科技, 2004, 17 (2): 1~3.

[20] Ping N, Bin L, Xiwu L, et al. Phosphate removal from wastewater by model-La (Ⅲ) zeolite adsorbents ［J］. Journal of Environmental Sciences, 2008, 20: 670~674.

[21] 周怀东, 彭文启. 水污染与水环境修复 ［M］. 北京: 化学工业出版社, 2005: 35~37.

[22] 郭长城, 王国祥, 喻国华. 天然泥沙对富营养化水体磷的吸附特性研究 ［J］. 中国给水排水, 2006, 22 (9): 10~13.

[23] Klaus P, Jurgen B. The importance of pre-reservoirs for the control of eutrophication of reservoirs ［J］. Wat. Sci. Technol, 1998, 37: 317~324.

[24] 徐明德, 韦鹤平, 李敏. 长江口泥沙与沉积物对磷酸盐的吸附和解吸研究 ［J］. 太原理工大学学报, 2006, 37 (1): 48~50.

[25] 李彬, 宁平, 陈玉保, 等. 镧沸石吸附剂微污染水除磷脱氮 ［J］. 武汉理工大学学报, 2005, 9: 65~68.

[26] 黄春辉. 稀土配位化学. 北京: 科学出版社, 1997.

[27] 普红平, 梅向阳, 黄小凤. 微波稀土改性膨润土制备吸附剂除磷的研究 ［J］. 应用化工, 2006, 35 (12): 935~938.

[28] 陈晓, 贾晓梅, 侯文华, 等. 人工湿地系统中填充基质对磷的吸附能力 ［J］. 环境科学研究, 2009, 22 (9): 1068~1073.

[29] Tian M, Zhang Y C. Experimental study on permeable dam technique to control rural non-point

pollution in Taihu basin [J]. Acta Scientiae Circumstantiae. 2006, 26 (10): 665～671.

[30] Charpentier J, Martin G, Wacheux H, et al. ORP regulation and activated sludge: 15 years of experience [J]. Wat. Sci. Technol, 1998, 38 (3): 197～208.

[31] 周帆，袁欣波. 氧化还原电位在两相厌氧法中的应用 [J]. 环境科学与技术，1989，47 (4): 22～25.

[32] 王占生，刘文君. 微污染水源饮用水处理 [M]. 北京：中国建筑工业出版社，1999.

[33] Mahmoud A, Abu Zeid. Water and sustainable development: the vision for world water, life and the environment [J]. Water Policy, 1998, 1 (1): 9～19.

[34] 纪荣平，李先宁，吕锡武. 组合介质对梅梁湾水源水中有机物的去除工艺特性 [J]. 水处理技术，2006，32 (12): 27～31.

[35] 陈杨辉，吕锡武，吴义锋. 生态护砌模拟河道对氮系污染物的去除特性 [J]. 环境科学，2008，29 (8): 2172～2176.

[36] Joret J C, Levi Y, Volk C. Biodegradable dissolved organic carbon (BDOC) content of drinking water and potential regrowth of bacteria [J]. Water Science and Technology, 1991, 24: 95～101.

[37] Dukan S, Levi Y, Piriou P. Dynamic modeling of bacterial growth in drinking water networks [J]. Water Research, 1996, 30: 1991～2002.

[38] 方华，吕锡武，朱晓超，等. 黄浦江原水中有机物组成与特性 [J]. 东南大学学报（自然科学版），2007，37 (3): 495～499.

[39] 李发占. 跌水曝气生物氧化——超滤膜处理富营养化水源水研究 [D]. 东南大学博士学位论文，2006.

[40] 李慧蓉. 生物监测技术及其研究进展 [J]. 江苏石油化工学院学报. 2002，14 (2): 57～60.

[41] 陈廷，黄建荣，陈晟平，等. 广州市人工湖泊 PFU 原生动物群落群集过程及其对水质差异的指示作用 [J]. 应用与环境生物学报，2004，10 (3): 310～314.

[42] 冯伟松，沈韫芬. PFU 微型生物群落检测中异养型指数的应用研究及其分型分析 [J]. 环境科学学报，2004，24 (4): 156～161.

[43] 中华人民共和国国家标准，水质微型生物群落监测——PFU 法 (GB/T 12990—91) [S]. 北京：中国标准出版社，1991.

[44] 金相灿. 湖泊富营养化控制与管理技术 [M]. 北京：化学工业出版社，2001.

[45] Wiatkowski M. Hydrochemical Conditions for Location of Small Water Reservoirs on the Example of Kluczbork Reservoir [J]. Archives of Environmental Protection, 2009, 35 (4): 129～144.

7　暴雨过程流场及水质模型

流场变化直接影响到前置库内水流形态，并进而影响污染物在水流中的分布。由于旱季时前置库来水较少，整个示范区相当于推流反应器，流速非常小，因此实测数据相对较困难，因而湖（库）流的数值模拟得到了广泛研究。探索小范围内的流场和污染物浓度分布通常有现场实测、物理实验及数值模拟三种方法[1]。现场实测和物理实验获得的数据最直观，真实可信，但受时间和空间限制，较难获得各种物理量的流场描述，且费用昂贵[2,3]；采用数值模拟则可以较好地避免以上问题，且随着计算条件的改善，数值模拟已非常容易实现[4,5]。本书模拟了一次暴雨的全过程流场变化情况，并对前置库水动力学环境进行模拟，以考察水流形态对前置库内污染物的迁移和扩散的影响。

湖泊水库水质模型是在河流水质模型发展的基础上建立起来的。在模型结构上从简单的零维模型发展到复杂的水质—水动力学—生态综合模型和生态结构动力学模型[6,7]，如 QUAL-2K（河流综合水质模型）、WQRRSR（水库水体生态系统模拟模型）等模型均采用了生态动力学原理描述水质的时空演化[8,9]。在模型得到快速发展的同时，许多新理论也随之出现，如随机理论、灰色理论和模糊理论等，湖库模型的发展中综合应用了相关学科的研究方法，如人工神经网络和地理信息系统[10]。

根据前置库示范区的具体特征，通过物理、化学和水生生物过程的有机耦合，建立了前置库水质模型，模型参数减少为三个，大大降低了计算的复杂程度。模型微分方程采用 Rugge-Kutta 数值方法求解，模型参数能够较好地识别污染物的去除速率和机制，因而可用于前置库净化水质效果预测。

7.1　前置库动力学研究

7.1.1　控制方程建立

东大河口前置库水底坡度较平缓，且水深多数小于 1m，最深处小于 2m，水平尺度远大于垂直尺度，因此可采用水深平均的平面二维浅水数学模型，其基本方程为[10,11]：

$$\frac{\partial \xi}{\partial t} + \frac{\partial (Hu)}{\partial x} + \frac{\partial (Hv)}{\partial y} = 0 \qquad (7\text{-}1)$$

$$\frac{\partial u}{\partial t} + u \frac{\partial u}{\partial x} + v \frac{\partial u}{\partial y} - fv + \frac{gu (u^2 + v^2)^{1/2}}{HC^2} + g \frac{\partial \xi}{\partial x} - A_x \left(\frac{\partial^2 u}{\partial x^2} + \frac{\partial^2 u}{\partial y^2} \right) = 0 \quad (7\text{-}2)$$

$$\frac{\partial v}{\partial t} + u \frac{\partial v}{\partial x} + v \frac{\partial v}{\partial y} + fu + \frac{gv (u^2 + v^2)^{1/2}}{HC^2} + g \frac{\partial \xi}{\partial y} - A_y \left(\frac{\partial^2 v}{\partial x^2} + \frac{\partial^2 v}{\partial y^2} \right) = 0 \quad (7\text{-}3)$$

式中 ξ——水位，即基面至水面的垂直距离；

      h——基面下的水深，$H = \xi + h$；

u，v——x、y 方向的垂线流速分量；

      f——柯氏力系数，$f = 2\omega\sin\varphi$，φ 为地理纬度，ω 为地球自转速度；

      C——谢才系数，$C = \frac{1}{n}H^{1/6}$，n 为糙率系数；

A_x，A_y——涡动黏性系数。

7.1.2 数值方法

考虑边界及周边地形较为复杂，为了较好地模拟地形，对上述方程组求解采用正交曲线坐标。对笛卡儿坐标中的不规则区域 Ω 进行网格划分，并将区域 Ω 变换到新的坐标系 $\xi\text{-}\eta$ 中，形成矩形域 Ω'。这样在 Ω' 区域进行划分时，得到等间距的网格，对应每一个网格节点可以在 $x\text{-}y$ 坐标系中找到其相应的位置。

正交变换 $(x, y) \rightarrow (\xi, \eta)$ 应用于方程，流速沿 ξ、η 方向取分量 u^* 和 v^*，其定义为：

$$u^* = \frac{ux_\xi + vy_\xi}{g_\xi} \quad (7\text{-}4)$$

$$v^* = \frac{ux_\eta + vy_\eta}{g_\eta} \quad (7\text{-}5)$$

式中，$g_\xi = \sqrt{x_\xi^2 + y_\xi^2} = \sqrt{\alpha}$，$g_\eta = \sqrt{x_\eta^2 + y_\eta^2} = \sqrt{\gamma}$，分别对应于曲线网格的两个边长。

由于采用平面二维模型，故在垂向上的动量方程在此不予考虑。把方程组重新组合成关于 u^*、v^* 的方程，略去新速度分量的上标 " $*$ "，仍记作 u，v，则变换后的控制方程为：

$$\frac{\partial \xi}{\partial t} + \frac{1}{g_\xi g_\eta} \left[\frac{\partial (Hug_\eta)}{\partial \xi} + \frac{\partial (Hvg_\xi)}{\partial \eta} \right] = 0 \quad (7\text{-}6)$$

$$\frac{\partial u}{\partial t} + \frac{u}{g_\xi} \frac{\partial u}{\partial \xi} + \frac{v}{g_\eta} \frac{\partial u}{\partial \eta}$$

$$= fv - \frac{g}{g_\xi} \frac{\partial \zeta}{\partial \xi} - \frac{g}{C^2 H} u \sqrt{u^2 + v^2} + \frac{v}{g_\xi g_\eta} \left(v \frac{\partial g_\eta}{\partial \xi} - u \frac{\partial g_\xi}{\partial \eta} \right) + A_\xi \left(\frac{1}{g_\xi^2} \frac{\partial^2 u}{\partial \xi^2} + \frac{1}{g_\eta^2} \frac{\partial^2 u}{\partial \eta^2} \right)$$

$$(7\text{-}7)$$

$$\frac{\partial v}{\partial t} + \frac{u}{g_\xi}\frac{\partial v}{\partial \xi} + \frac{v}{g_\eta}\frac{\partial u}{\partial \eta}$$

$$= -fu - \frac{g}{g_\eta}\frac{\partial \zeta}{\partial \eta} - \frac{g}{C^2 H}v\sqrt{u^2+v^2} + \frac{u}{g_\xi g_\eta}\left(u\frac{\partial g_\xi}{\partial \eta} - v\frac{\partial g_\eta}{\partial \xi}\right) + A_\eta\left(\frac{1}{g_\xi^2}\frac{\partial^2 v}{\partial \xi^2} + \frac{1}{g_\eta^2}\frac{\partial^2 v}{\partial \eta^2}\right)$$

$$(7-8)$$

模型采用交替方向隐式法[11]（Alternating Direction Implicit Method，ADI）法求解。由于它各自保留了显隐式的部分优点，在计算过程中具有稳定性好和计算速度快等优点，因此在实际工程中获得了广泛的应用。该方法的要点是把时间步长分为两段，在前半个步长，沿 x 方向联立 ξ、u 变量隐式求解，再对 v 显式求解；后半个步长，则将求解顺序对调过来，这样随着 Δt 的增加，可把各时间的 ξ、u、v 值依次求出来。对于上述方程，利用传统的 ADI 法求解，其离散格式与矩形网格下基本一致。

7.1.3　定解条件

（1）边界条件。
进口边界：取进口全断面流量，采用流量边界。
出口边界：给定出口断面的水位，采用水位边界。
岸边界：岸边界为非滑移边界，给定其流速为零。
（2）初始条件。根据参考面的选取，设定初始水位为 0.01m。

7.1.4　模拟计算范围及网格划分

本书模拟区域为前置库库区和进水河段。库区东西向长 520m，南北向宽 150m，河道长 100m。模型采用贴体正交曲线网格对计算区域进行离散化，总体网格数为 86×116，网格间距 2~15m。结合河道尺寸，对进口河道附近、库区出口及靠近边界等局部区域的网格进行加密，生成的计算网格如图 7-1 所示。

7.1.5　参数选取

f：柯氏力系数，$f = 2\omega\sin\varphi = 2 \times 7.27 \times 10^{-5} \times \sin 24.41° = 6.01$
g：重力加速度，取 9.81m/s²；
ρ：水体密度，取 1000kg/m³；

n：底部粗糙系数，选用曼宁公式 $C = \frac{1}{n}H^{1/6}$，其中 C 为谢才系数，n 为曼宁系数，湖泊可取 0.03，或可根据计算结果小范围调试[12]。

C_D：风曳力系数，使用我国应用较广的拟合公式：

$$C_D = (1.1 \times 0.0536W_{10}) \times 10^{-3} \qquad (7-9)$$

式中，W_{10} 为湖面 10m 处的风速值。风速参考晋宁气象局及相关资料[60,61]与现场实测对比进行修正。模拟暴雨过程白天风速取 3m/s，风向为 45°东北风；晚上风速取 4.2m/s，风向为 30°偏北风。水平涡动黏性系数的确定常根据经验值，计算结果可在 30m²/s 左右调整。计算的时间步长取 30s。

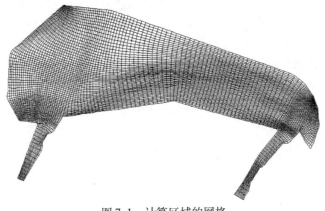

图 7-1　计算区域的网格

7.1.6　流场模型验证

本书在计算区域内取两个观测点（进水口 S_1 和出水口 S_4）进行验证，验证时段为 2008 年 8 月 22 日 16 点 50 分整～23 日 17 点 50 分整。根据昆明市相关水文站数据及现场实测结果，此时间段内降雨强度在 56～80mm。为将进水量控制在设计的范围内，多余来水进入旁流湿地处理后排放。

7.1.6.1　流速验证

进水口和出水口流速实测值和模型计算值见图 7-2 和图 7-3。

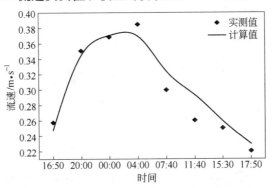

图 7-2　进水口（S_1）流速计算值和实测值

从图 7-2 可得，前置库的进水断面处（S_1）的实测值与计算值的误差除第 2 和第 3 个点外（误差分别为 0.01m/s 和 0.015m/s），其余各点的误差均小于 0.005m/s，计算值和实测值比较吻合。第 2 和第 3 点误差主要由测量时段的风速较大引起的，而其他时段风速相对较小。

　　从图 7-3 可以看出，前置库出水口（S_4）的流速计算值和实测值除个别时段（20：00）外其余时段相差较大，最大误差可达 0.030m/s，误差大于 40%，这是由于前置库出口处正是迎风口，受风场的影响较大，导致滇池湖内水体与前置库出水发生比较强烈的湍流和交换，因此流速的测量较难反应经前置库汇入滇池水体的实际流量。因此，用出水口的流速来代替和验证前置库的时间流速不太确切，后面计算磷酸盐的去除率的流速都是基于进水口的流速来考核的。

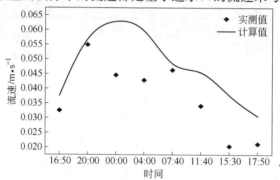

图 7-3　出水口（S_4）点流速计算值和实测值

7.1.6.2　水位验证

　　进水口（S_1）和出水口（S_4）水位实测值和模型计算值比较见图 7-4 和图 7-5。从图 7-4 可得，除个别误差值在 0.01m 和 0.012m 外，其余误差值均小于 0.002m，计算值与实测值很吻合。图 7-5 中各时段彼此误差在 0.003m 左右，只有第 5 点和第 6 点处误差较大（最大误差 0.012m），这表明模型计算值与实测值较为吻合，模型真实有效。

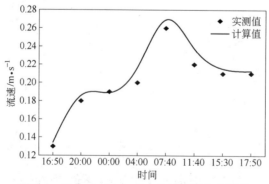

图 7-4　进水口（S_1）点水位计算值和实测值

7.1.7　暴雨流场计算结果分析

　　对整个暴雨过程的流场进行跟踪，利用本流场模型进行计算，结果见图 7-6

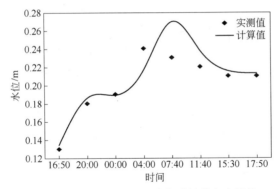

图7-5 出水口（S₄）点水位计算值和实测值

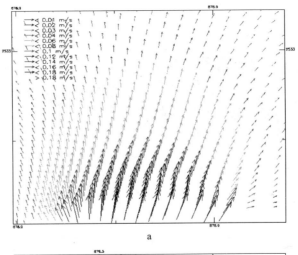

a

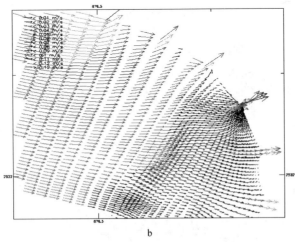

b

图7-6 暴雨后1.5h沉砂池入口及出口附近的流场图

a—沉砂池入口；b—出水口

至图 7-13。

从图 7-6 和图 7-7 可看出，暴雨后 1.5h 后进水口处流速最大，为 0.43m/s，进入沉砂池的过程中，流速分布呈扇形而随流向逐渐减小，这可以使径流污水中的泥沙沉淀，有利于颗粒态的污染物沉降。水流至沉砂池中心区域时，流速小于 0.02m/s；水流进入生物净化区入口时，流速开始增大，该区域流速小于 0.03m/s；进入生物净化区中心区域，流速小于 0.04m/s；生物净化区邻近出口处流速又小于 0.03m/s 和 0.02m/s，而在前置库的出口处流速急剧增大，出口流速最大可达 0.104m/s。从流场整体看，一次暴雨后 1.5h 内，除进水口流速较大外，其余区域流速均较小，体现出湖流的一般特征。

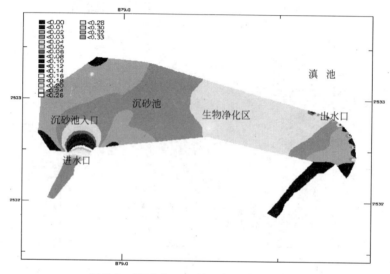

图 7-7 暴雨后 1.5h 前置库流速等值线图

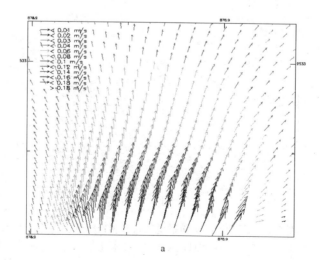

a

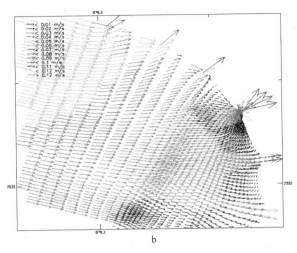

图 7-8 暴雨后 6.5h 沉砂池入口及出口附近流场图
a—沉砂池入口；b—出水口

从图 7-8 和图 7-9 可看出，暴雨后 6.5h 后河道处流速为 0.37m/s，进入沉砂池的过程中，流速分布呈扇形随距离依次减小。水流至沉砂池中心区域时，流速小于 0.03m/s；水流进入生物净化区中心附近区域流速依次增大，至生物净化区末端区域流速又减小。在前置库出口处流速骤然变大，最大出口流速为 0.104m/s。其余各功能区均有部分水流流速小于 0.01m/s。从流场整体看，一次暴雨 6.5h 后，除进水口及前置库出口处的流速较大外，其余区域流速仍较小。

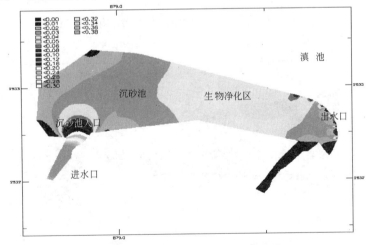

图 7-9 暴雨后 6.5h 前置库流速等值线图

从图 7-10 和图 7-11 可看出，暴雨后 16.5h 前置库流速矢量分布情况与之前的模拟结果类似，比较大的区别在于前置库出水口附近小于 0.05m/s 的流速范围

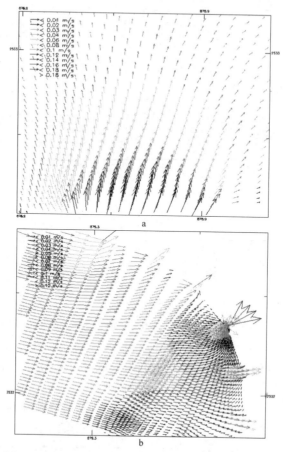

图 7-10　暴雨后 16.5h 沉砂池入口及出口附近流场图

a—沉砂池入口；b—出水口

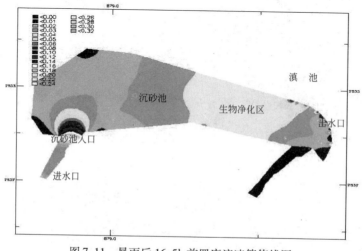

图 7-11　暴雨后 16.5h 前置库流速等值线图

逐渐变小，进水口流速为 0.30m/s；暴雨后 16.5h 出口流速 0.058 m/s。

图 7-12 和图 7-13 分别为暴雨后 25h 沉砂池入口及出水口附近流场图和前置
库流速等值线图。此时河流入库流量趋于稳定且进水流量最小，此时流场趋于稳
定。进入前置库的流速为 0.23m/s；水流进入沉砂池流速仍沿扇形分布且流速依
次减小，沉砂池入口处的流速与前段时间相比，已经小了很多。沉砂池中心及生
物净化区入口区域流速分布均匀，流速小于 0.02m/s；生物净化区中心区域流速
分布也均匀，流速小于 0.03m/s，其末端流速稍微降低，流速小于 0.02m/s，而
出口附近水体分隔带内有流速小于 0.01m/s 的区域，出口处平均流速 0.04m/s。
暴雨后 25h 前置库流场趋向稳定，进水流量减小，出口处的流速也相应减小。

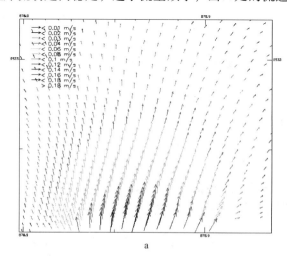

a

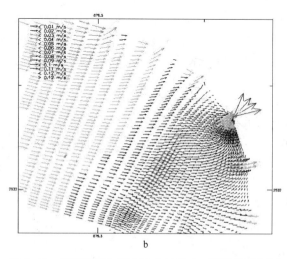

b

图 7-12   暴雨后 25h 沉砂池入口及出口附近的流场图
a—沉砂池入口；b—出水口

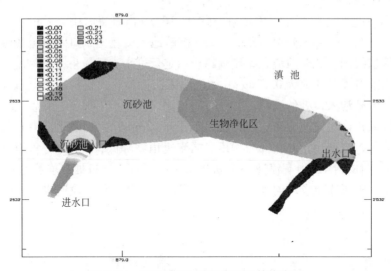

图 7-13　暴雨后 25h 前置库流速等值线图

7.2　前置库水质模型

7.2.1　常用水质模型分析

　　常用的水质模型可分为 3 类：统计学模型、反应动力学模型、生物生态动力学模型，其中，统计模型是基于"黑箱理论"的响应模型。为统计数据的"输入—输出"响应关系，以线性方程为主，应用较为方便，侧重于研究污染物的进、出水浓度与污染负荷之间的关系，而不能反映系统中污染物的降解过程和规律[14]；一级动力学模型将污染物的去除途径均看作一级反应，反映了系统中污染物的沿程降解规律，被认为是描述人工湿地等工艺污染物去除过程的最适合模型[15]，但尚不能完全描述反应器的流态，而且模型参数易随环境条件变化而改变[16]；Monod 模型是描述生物水处理常用的数学模型之一，假设所有生物过程均符合 Monod 动力学，可快速获得污染物的最大去除率；生态动力学模型以"箱子"模型为理论基础，将各个处理单元划分为相对独立的"箱子"，建立各"箱子"的物料平衡方程及动力学公式，预测污染物的降解过程。

　　生态动力学模型涉及参数较多，往往依赖一些假设[17,18]。然而，各种水质数学模型建模的出发点、适用条件和动力学行为机制不同。虽然生物生态动力模型能科学地反映水处理系统中的污染物去除机理和迁移转化过程，但模型涉及参数较多，现有实验条件很难获得计算参数，因而在实际应用中常常需要修改完善，以适应工程的需要。

7.2.2　前置库净水过程建模

　　前置库系统最主要的净水单元仍然是生物处理，因此可以将其过程假设符合

Monod 动力学模型[19]。

$$\frac{dC}{dt} = - k_0 \frac{C}{K + C} \qquad (7\text{-}10)$$

式中，K 为半饱和常数，由污染物和微生物浓度确定；k_0 为速率常数；C 为污染物浓度。从污染物性质来看，对于易被生物降解的污染物来说 K 值小，对于生物难降解或降解缓慢的污染物来说 K 值大。

生态动力学模型由"箱子"构成。黄娟[17]在人工湿地去除污染物建模时，将其过程分为微生物模块、基质模块、植物生长模块三类，建立了脱氮 Monod 生态动力学模型。各个模块均可以看为 Monod 一级动力学方程。这样就可以将生态动力学模型转化为以下方程[15]。

$$\frac{dC}{dt} = \sum_{i=1}^{n} k_i \frac{C}{K + C} \qquad (7\text{-}11)$$

式中，n 为"箱子"数目，k_i 为速率常数。

生态动力学模型降解过程模块化，参数相对对立。但由于污染物划分过于细致，导致过程复杂，参数获得难度较大，限制了其在工程中的应用。因此，有必要将反应条件等适当简化，建立相对简化的生态动力学模型，以满足实际需要。

由于示范工程较东大河宽阔，且前置库容积较小，各处水质较为均匀，可视作完全混合型水体，经推导得到其污染物浓度变化方程：

$$\frac{dC}{dt} = - KC^{\alpha} + V\beta C_0 \qquad (7\text{-}12)$$

式中，K 为污染物综合降解系数；$V\beta C_0$ 为周围环境输入的污染物负荷。

污染物的去除过程是通过一系列物理、化学和生物等协同作用的结果，前置库中，种植有沉水植物、挺水植物及浮岛，底质中含有丰富的底栖动物和各类微生物；人工强化的吸附剂添加、生态防护墙及发生物理扩散、化学吸附沉淀等过程；水流的自然扩散也将对污染物迁移转化起到一定作用。

综上所述，前置库中污染物浓度转化可分为三个模块：生物模块（包括微生物、绿色植物等）、化学模块（化学吸附、化学沉降、氧化还原反应等）和物理模块（挥发、扩散、自然沉降等）。因此，可根据污染物的去除途径，将式(7-12)综合降解系数 K 进一步分解细化，得到方程。

7.2.2.1 物理过程

污染物在前置库中的物理过程包括河流泥沙、基质等对污染物的吸附、挥发、交换和扩散作用等，这一综合过程符合 Fick 定律，用方程可以写为：

$$\frac{dC}{dt} = - k_1 C^P \qquad (7\text{-}13)$$

式中，k_1 为费克扩散系数。

7.2.2.2　化学过程

污染物在前置库中的化学过程主要包括水解反应、化学沉降等，根据污染物的环境化学行为特性，污染物的化学过程可概括为：

$$\frac{\mathrm{d}C}{\mathrm{d}t} = -k_2 C^q \tag{7-14}$$

式中，k_2 为自然环境下化学反应强度系数。

7.2.2.3　生物过程

污染物的降解和共代谢生物降解过程都可用 Monod 方程和 Michaelis-Menten 方程来描述[20]，东大河来水的 NH_3-N 等无机离子的 K 值与有机物数量级相同。一般说来，河流、湖泊等地表天然水体 COD、NH_3-N、TN、TP 的浓度均属同一个数量级[21]，即使多种物质共存且互相限制，仍可用多重 Monod 方程表示，形式为[15,16,19]：

$$\frac{\mathrm{d}C}{\mathrm{d}t} = -k_3 \left| \frac{C_1}{K_1 + C_1} \right| \times \left| \frac{C_2}{K_2 + C_2} \right| \times \cdots \times \left| \frac{C_n}{K_n + C_n} \right| \tag{7-15}$$

式中，k_3 为模型综合参数（在 Monod 方程中为生物的比增长速率）；C_1、C_2、$\cdots$、C_n 为不同污染物浓度；K_1、K_2、$\cdots$、K_n 为不同污染物的半饱和系数。

方程（7-15）可继续简化为多重 Monod 方程：

$$\frac{\mathrm{d}C}{\mathrm{d}t} = -k_3 \left| \frac{C}{K + C} \right|^n \tag{7-16}$$

7.2.2.4　人工强化过程

前置库系统中投加稀土吸附剂，并增设生态防护墙，墙体内发生氧化还原反应等过程，增强了前置库净水水质的效果，根据前面章节的研究，可将其描述为：

$$\frac{\mathrm{d}C}{\mathrm{d}t} = -k_4 C^r \tag{7-17}$$

前置库示范工程区属于结构相对复杂和完整的小型生态系统，其污染物浓度衰减过程是通过生物、化学、物理等过程对污染物进行分解和转化。在污染物去除的过程中三个模块协同作用，达到净水水质、改善水生生态环境的目的。由于周围采用硬质堤岸，除前置库进口外，周围环境排入前置库的污染物负荷总量可忽略不计，即 $V\beta C_0 = 0$。因此，前置库净化水质的过程模型可以简化为：

$$\frac{\mathrm{d}C}{\mathrm{d}t} = (-k_1 C^p) \cdot (-k_2 C^q) \cdot \left(-k_3 \left| \frac{C}{K + C} \right|^n \right) \cdot (-k_4 C^r) \tag{7-18}$$

假设 $k = k_1 \times k_2 \times k_3 \times k_4$，$m = p + q + n + r$，方程（7-18）可以转化为：

$$\frac{\mathrm{d}C}{\mathrm{d}t} = -k \frac{C^m}{(K + C)^n} \tag{7-19}$$

式中，k 为模型综合系数，相当于 Monod 方程中的最大比降解速率，k 值越大有机物降解速率越快；K 为半饱和常数；m、n 定义为模型的功能参数，其中 m 为综合效应系数，n 为生物效应系数[21]。

m、n 为不同的数值组合时，水质模型表现为不同的机理模型。$m=0$、$n=0$ 时，式（7-19）为零级动力学模型；$m=1$、$n=0$ 时，式（7-19）为一级动力学模型；$m=1$、$n=1$ 时，式（7-19）为 Monod 模型。因此，在描述前置库净化污染物过程时，参数 m、n 可描述污染物在降解过程中生物、化学、物理等过程对污染物的去除效应，其中 n 代表系统中污染物通过生物过程的去除效应，m 则反映了系统中污染物通过生物、化学、物理等协同作用的去除效应，且 $m \geqslant n$。

水质模型式（7-19）能反映前置库中污染物的去除过程，特别是污染物通过生物作用的去除效应。同时，本水质模型建立在生态动力学原理上，同生态动力学模型和其他经验模型相比，参数大大减少，模型物理意义明确，模型参数可有效识别污染物的去除效应及途径。

7.2.3 模型求解方法

前置库净化河水水质模型式（7-19）为微分形式，可采用解析法和数值法求解，本书采用龙格-库塔方法数值求解[21,22]，应用 *Visual Basic* 编程求解。模型中参数 m、n、k、K 采用反演算法，并通过最小二乘法优化确定，模型校正和验证均采用 2008~2009 年前置库示范工程的实测数据。水质模拟指标选择示范工程验收时重点考察的三个污染因子：COD、TN 和 TP 作为模拟水质指标，计算三个水质指标模型参数和水质净化规律，并进行实测验证。

7.3 模型现场验证试验

7.3.1 TN 模拟及验证

前置库正常运行期（记为 Pre- reservoir）为 2008 年 5 月至 2009 年 4 月，前置库建设前期（Dongda）为 2008 年初示范工程开挖、清淤后监测的数据结果。表 7-1 为水质模型模拟 TN 率定的水质参数。

表 7-1 模拟 TN 的计算参数

参 数	Pre- reservoir	Dongda
综合系数 k	0.97	0.41
半饱和常数 K	0.68	0.34
综合效应系数 m	0.88	0.32
生物效应系数 n	0.46	0.23
$n/m/\%$	52.3	71.9

从表中可以看出，Pre- reservoir 的 TN 率定的各项参数值均比 Dongda 结果大。

综合系数 k、半饱和系数 K 表明 TN 在 Pre-reservoir 的去除速率远远高于 Dongda 的自净功能。从模型功能参数 m、n 的数值相对大小来看，表明 Pre-reservoir 去除水中有机物时的生物、化学、物理作用协同效应强度高于 Dongda，但前置库的 n/m 值 52.3 小于 Dongda 的结果 71.9。表明 Dongda 的 TN 主要通过生物作用予以去除，而通过物理吸附、化学水解等途径的去除贡献率较小。尽管生物作用明显，但只是相对于其他物理化学作用，Dongda 对 TN 去除率并不高。

　　而前置库运行期水生植物生长旺盛，微生物富集明显，而且有生态防护墙等人工强化措施，致使 n/m 值为 52.3，即表明了前置库中 TN 去除过程中，生物作用与其他物理化学作用相当，这主要是吸附剂及东大河来水中较多的泥沙，对 TN 的去除效果明显。

　　图 7-14 为前置库净化 TN 的实测值与模型计算值的关系。从图中可以看出，无论是旱季和雨季，前置库运行过程的 TN 实测值与模型计算值吻合较好，旱季和雨季的标准误差分别为 0.16 和 0.17，相关系数 R^2 分别达到 0.86 和 0.99，雨季相关系数高于旱季结果。表明模型对于雨季特别是暴雨时模拟结果精度较高，主要是雨季时为昆明的夏季，水生植物长势苗壮，对 TN 的去除效率较高，而旱季时植物长势较差，主要靠吸附、挥发、扩散等途径去除。

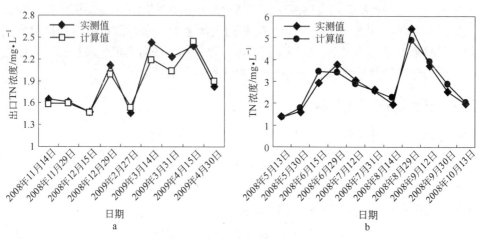

图 7-14　TN 实测值与模型计算值关系
a—旱季；b—雨季

7.3.2　TP 模拟及验证

　　表 7-2 为水质模型模拟 TP 识别的水质参数。从表中数据可以看出，Pre-reservoir 的综合系数 k 是 Dongda 的 3.4 倍。功能参数 m、n 差别不大，均表现为 m 值较大，n 值较小，表明物理和化学作用在 TP 的去除过程中发挥着主导作用。而在 Pre-reservoir 中这种作用更加明显，这主要是 Pre-reservoir 中投加了稀土吸

附剂，吸附水中的磷酸盐沉降到水底。同时生态防护墙中添加的陶粒也加速了TP 的去除[23]。

表 7-2　模拟 TP 的计算参数

参 数	Pre-reservoir	Dongda
综合系数 k	1.17	0.34
半饱和常数 K	0.49	0.26
综合效应系数 m	0.66	0.41
生物效应系数 n	0.27	0.16
$n/m/\%$	41.3	39.0

无论是 Pre-reservoir 还是 Dongda 中，n/m 值均比较小，这与其他学者的结论是一致的[21]，即湿地或者水生植物生长所需的磷是有限的，其去除主要靠吸附沉降过程。

2008 年 5 月至 2009 年 4 月试验期间，对 Pre-reservoir 在旱季和雨季时的运行结果进行模拟，其模拟的结果见图 7-15。模拟结果显示，水质模型对 TP 的模拟效果较 TN 的稍差，旱季和雨季时，浓度模型计算值与实测值的标准误差分别为0.007 和 0.028，相关系数 R^2 分别为 0.89 和 0.78。分析认为，造成误差偏大的主要原因是模型更适合生物净化过程，对于以沉降和吸附去除占主要地位的 TP净化过程，精度偏低。这从旱季雨季的误差比较可以看出，旱季时生物作用不明显，误差小，相关性好；而雨季时由于生物作用明显，导致相关性下降。

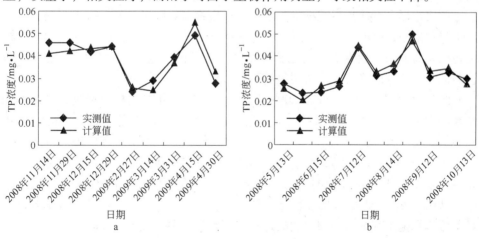

图 7-15　TP 实测值与模型计算值关系

a—旱季；b—雨季

7.3.3 COD 模拟及验证

表 7-3 为水质模型模拟 COD 率定的水质参数。前置库正常运行期（记为

Pre-reservoir）为 2008 年 5 月至 2009 年 4 月，前置库建设前期（Dongda）为 2008 年初示范工程开挖、清淤后监测的数据结果。

表 7-3　模拟 COD 的计算参数

参　　数	Pre-reservoir	Dongda
综合系数 k	0.42	0.27
半饱和常数 K	0.49	0.41
综合效应系数 m	0.62	0.43
生物效应系数 n	0.42	0.36
$n/m/\%$	67.7	83.7

从表中可以看出，Pre-reservoir 的 COD 率定的各项参数数值均比 Dongda 的结果大。综合系数 k、半饱和系数 K 表明 COD 在 Pre-reservoir 的去除速率远远高于 Dongda 的自净功能。从模型功能参数 m、n 的数值相对大小来看，表明 Pre-reservoir 去除水中有机物时的生物、化学、物理作用协同效应强度高于 Dongda，但前置库的 n/m 值 67.7 小于 Dongda 的结果 83.7。表明 Dongda 的有机物主要通过生物作用予以去除，而通过物理吸附、化学水解等途径的去除贡献率较小。出现这一结果的原因主要是前置库建设初期，还没有种植水生植物，也没有进行人工强化，去除污染物主要靠东大河来水中的微生物去除及泥沙吸附，导致生物作用明显占据主导地位，但本身污染物的绝对去除率不高。

而前置库运行期水生植物生长旺盛，微生物富集明显，而且有生态防护墙等人工强化措施，COD 除了通过生物作用降解外，吸附剂、泥沙的吸附，防护墙、植物根系的拦截、吸附等作用也相当明显。正是由于这种综合作用导致 n/m 数值略低，污染物的绝对去除率明显高于前置库建设前 Dongda。

图 7-16 为 Pre-reservoir 在 2008 年 5 月～2009 年 4 月的模拟情况，分旱季和雨季两期进行。从图中可以看出，无论是旱季和雨季，前置库运行过程的 COD 实测值与模型计算值吻合较好，旱季和雨季的标准误差分别为 0.049 和 0.033，相关系数 R^2 分别达到 0.96 和 0.99。因此，无论旱季还是雨季，计算模型均可以满足前置库 COD 浓度变化的预测，符合前置库中 COD 浓度的变化规律。

从图 7-14 至图 7-16 的计算结果和实测值的符合性分析，本模型基本可以满足前置库示范工程中污染物浓度的计算，而且模型参数较少，计算简单。

7.3.4　不同强化措施的贡献

将模型中的不同的 k_i 值初定为零，只考察要研究的特定对象，就可以算出吸附剂、泥沙、生物作用和防护墙等不同措施的净水效果及贡献率。分旱季、雨季不同措施的贡献计算结果见图 7-17 和图 7-18。

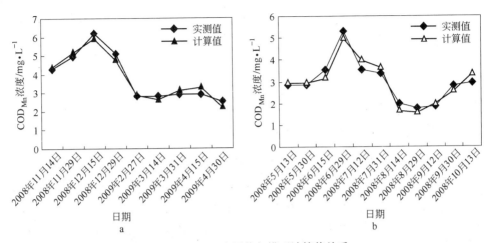

图 7-16 COD 实测值与模型计算值关系

a—旱季；b—雨季

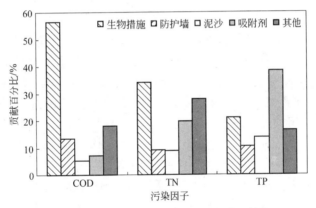

图 7-17 旱季平均各措施污染物去除贡献率

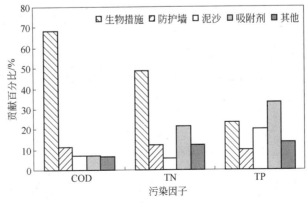

图 7-18 雨季平均各措施污染物去除贡献率

从图中可以看出，无论是旱季还是雨季 COD、TN 去除率的贡献最大的都是生物作用，包括微生物、水生植物等。但吸附剂对于 TN、TP 均有一定的去除率，旱季时吸附剂对 TP 的贡献率达到 38.2%。另外，生态防护墙及水中泥沙对氮、磷也有一定程度的拦截净化作用。因此，可以说前置库系统是以生物净化为基础的综合生态反应系统，通过人工强化措施，大大提高了其净化水质的能力。

7.4　流场动力学与水质模型的关联性

本书作者通过调研和实验室小试，自行设计了前置库示范工程，整个前置库区开口呈喇叭状，形状开阔，使得东大河来水进入前置库后，流速得到最大程度的降低，延长了前置库的水力停留时间。同时，本示范工程充分考虑了洪水可能带来的负荷冲击，在前置库两旁设立了两块缓冲性质的人工湿地，确保东大河来水得到最大程度的净化。

在对 2008 年 8 月 22 日的整场暴雨的跟踪监测及流场模拟显示，污水进入前置库后，由于水生植物的拦截、阻挡，水流速度迅速下降。整个前置库内没有出现死角和短流现象，流场变化均匀，为水生植物及吸附剂的净水赢得了时间。

对整场暴雨过程 SRP 的去除情况进行跟踪监测，测得的 SRP 去除率结果见图 7-19。从图中可以看出 SRP 浓度在暴雨前为 0.12mg/L，随着降雨过程其浓度先逐渐增大（最大可达 0.48mg/L）随后又逐渐减少（暴雨后的 25h 内降为 0.14mg/L），直至恢复到晴天时的浓度范围。污染物浓度的这种变化与东大河的水流来源是密切相关的，东大河水主要来自于农村的面源污染，如沿途村庄污水、农田蔬菜及花卉的地表径流等。这些污水特别是地表径流的冲刷，随着雨水进入河流。但农田下渗的面源污染物进入河流需要一个过程，这种过程往往滞后于降雨过程。因此，就形成了暴雨过后约 6h 进水浓度达到最大值（0.48mg/L）。

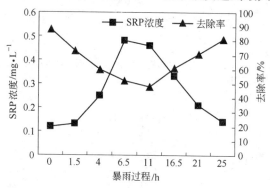

图 7-19　暴雨过程 SRP 去除率与时间的关系

比较去除率与磷酸盐 SRP 浓度可以发现，去除率与 SRP 的进水浓度呈反相关分布，随着进水浓度的增高其去除率也呈反比例下降，在暴雨后的 11h 内去除率降至最低（48%）。随后随着污染物浓度的稀释及沉降，去除率又逐渐上升，直至达到暴雨前的水平（去除率约为81%）。将 SRP 的去除率与前置库内的流场及流速等值线图结合起来，我们发现去除率与前置库内的流场变化紧密相关。当前置库区内沉砂池单元内的停留时间变长（即场内流速较小时），出口处流速较小时污染物有较大的去除率。当流速突然增大时去除率有所降低。

流速达到最大时去除率也可以保证在48%，较实验室内的结果偏高（实验室同等流速下去除率为21%），这主要是东大河流域水土流失严重，在暴雨期 SS 浓度也将增大，从而为 SRP 的沉降提供了条件。

7.5 本章小结

本章通过对前置库示范工程的流场模拟并进行现场验证，一次暴雨前后25h的跟踪结果表明，前置库流场模拟与现场监测结果吻合较好：

（1）暴雨情况下前置库水流均沿顺流方向流动，暴雨期前置库流场有利于前置库水流流出，可以有效阻止滇池水进入前置库；

（2）前置库流场受风场影响不大，库区水流没有发生回流现象，水流受边界水体分隔带的阻碍而改变方向，但生态防护墙内侧水流流速都比较小，不影响前置库区水流的主流方向；

（3）前置库区流场流速大小决定于进口流量和出水位置。进水流量越大，沉砂池的进口流速越大，则水流波动越大，不利 SRP 沉降。出水口位置的迎风方向会使附近水流发生剧烈变化。

同时，根据前置库示范工程的特点，综合应用 Monod 方程、化学动力学和 Fick 扩散定律，建立了前置库生态型水质综合模型。该模型将生物、化学、物理作用效应有机地耦合，减少了模型的参数，使模型相对简单实用。采用模型计算的 TN、TP、COD 污染物浓度值，与实测数据较为接近，模型精度较高，可以满足前置库示范工程的模拟需要。

前置库是以生物净化为基础的综合生态系统，人工强化措施如防护墙、吸附剂等提高了前置库净水能力。水流形态及水动力学对污染物净化也有一定的影响，需要今后深入研究。

参考文献

［1］苏铭德，黄素逸. 计算流体力学基础［M］. 北京：清华大学出版社，1997.

［2］SAKMAN A T, JOG M A, JENG S M, et al. Benjamin. Parametric study of simplex fuel nozzle internal flow and performance［J］. AIAA Journal, 2000, 38：1214～1218.

［3］叶守泽，夏军，郭生练，等. 冰库水环境模拟预测与评价［M］. 北京：中国水利水电出版社，1997.

［4］A V Gray, Wang Li. Case study on water quality modeling of Dianchi lake, Yunnan province, South West China［J］. Water Sci Technol, 1999, 40（2）：35～43.

［5］Mahajan A U, Chalapatirao C V, Gadkari S K. Mathematical modeling（A tool for costal water quality management）［J］. Water Sci Technol, 1999, 40（2）：151～157.

［6］万金保, 李媛媛. 湖泊水质模型研究进展［J］. 长江流域资源与环境, 2007, 16（6）：805～809.

［7］George B A, Michael T B. Eutrophication model for Lake Washington（USA）：Part Ⅱ- model calibration and system dynamics analysis［J］. Ecological Modelling, 2005, 187（2-3）：179～200.

［8］Steve Chapra, Greg Pelletier, Hua Tao. QUAL- 2K：a modeling framework for simulating river and stream water quality（2004）［S］. 2006. 7.

［9］Thomas R, Victor J. A preliminary modeling analysis of water quality in Lake Okeechobee, Florida：Calibration results［J］. Water Research, 1995, 29（12）：2755～2766.

［10］郭劲松, 李胜海, 龙腾锐. 水质模型及其应用研究进展［J］. 重庆建筑大学学报, 2002, 24（2）：109～115.

11］Leedertse J. A water quality simulation model for well- mixed estuaries and coastal seas［M］. Principle of Computation, the Rand Corporation, 1970.

［12］李术军, 刘树坤, 李锦秀. 西山遮挡对滇池风生流影响的数值模拟［J］. 湖泊科学, 1998, 10（1）：5～10.

［13］张萍峰, 景韶光, 黄凤岗. 滇池二维浅水湖泊风生流模型研究及结果显示［J］. 系统仿真学报, 2002, 14（5）：554～556.

［14］Diederik P, Rousseau, Peter A. Vanrolleghem. Model- based design of horizontal subsurface flow constructed treatment wetlands：a review［J］. Water Research, 2004, 38：1484～1493.

［15］孔令裕, 倪晋仁. 典型人工湿地去污模型之间的关系（Ⅰ）［J］. 应用基础与工程科学学报, 2007, 15（2）：149～155.

［16］孔令裕, 倪晋仁. 典型人工湿地去污模型之间的关系（Ⅱ）［J］. 应用基础与工程科学学报, 2007, 15（3）：302～307.

［17］黄娟. 人工湿地的氮转移规律和影响因素研究［D］. 东南大学博士学位论文, 2007, 4：82～96.

［18］Naiming Wang, William J. Mitsch. A detailed ecosystem model of phosphorus dynamics in created riparian wetlands［J］. Ecological Modeling, 2000, 126：101～130.

［19］孔令裕, 倪晋仁. 人工湿地去污模型的统一结构特征［J］. 生态学报, 2007, 27（4）：1428～1433.

［20］C P Leslie Grady, Jr. Glen T Daigger, Henry C. Lim, 著. 张锡辉, 刘勇弟, 译. 废水生物处理（第 2 版）：改编与扩充［M］. 北京：化学工业出版社, 2003.

［21］吴义锋. 生态混凝土护砌改善微污染水源水质及生态效应研究［D］. 东南大学博士学位论文, 2009, 3.

［22］姜健飞, 胡良剑, 唐俭. 数值分析及其 Matlab 实验［M］. 北京：科学出版社, 2004, 6：136～164.

［23］C Vohla, M Kõiv, H J Bavor. Filter materials for phosphorus removal from wastewater in treatment wetlands［J］. Ecological Engineering, 2009, available on line.

8　理论研究结论及建议

8.1　结论

本书从植物的静态选配、吸附剂制备及静态试验、东大河河内泥沙吸附试验等基础研究开始，一直做到示范工程建设及跟踪研究，探讨了前置库综合生态系统在旱季、雨季不同条件下对东大河河水的改善和净化效果，研究了前置库内微生物的动态变化和前置库去除污染物的特性和途径，并采用流场和水质模型对试验结果进行了模拟。综合起来著者得到以下主要结论：

（1）经过实验室和现场静水培养等方式，初步筛选出挺水植物 5 种、沉水植物 7 种，经适当搭配后，选择的植物对氮、磷、有机物等保持着较高的净化效率。在优先选择的植物中，芦苇、鸢尾、水芹菜、海菜花和金鱼藻氮去除量与生物量增加值的比例分别达到 3731.3mg/kg、2678.3mg/kg、5926.5mg/kg、4656.5mg/kg 和 1457.8mg/kg，水芹菜和海菜花有一定的经济价值。选择的湿生植物对氮磷去除存在正相关关系，二者去除量之比一般保持在(9~12)∶1 之间。

（2）新鲜泥沙平衡吸附量随水相初始浓度的变化趋势基本相同，氮磷的最大吸附量分别达到 0.33mg/g 和 1.15mg/g。泥沙对磷的吸附符合 Langmuir 吸附等温式，泥沙对氮的吸附符合 Freundlich 吸附等温式，相关系数 R^2 都在 0.98 以上。稀土吸附剂吸附氮磷的过程符合 Frundlich 模型，且相关性较高。TN、TP 浓度为 4mg/L 和 0.087mg/L 时，最大吸附氮磷量达到 10.8mg/g 和 23.8mg/g。与新鲜泥沙比较，吸附氮磷的能力分别提高了 32.7 倍和 21 倍，除被生物利用外，可以通过清淤从底泥中移出。

（3）示范工程运行结果表明，通过投加稀土吸附剂、增设生态防护墙和人工浮岛等强化措施，前置库系统对河流的污染物保持了较高的去除率。在保持 HRT 在 2~3d 时，旱季典型污染物 TN、NH_3-N、TP、COD、SS 去除率分别达到 45.2%、40.2%、79.3%、30.1% 和 74.4%；雨季时典型污染物 TN、NH_3-N、TP、COD、SS 去除率分别达到 58.2%、77.1%、84%、35.2% 和 86.6%，雨季时净化效果好于旱季。前置库对 TN-TP 去除率存在确定的线性关系，相关系数 R^2 为 0.9425。吸附剂吸附效率高、投加量少，在前置库内的应用成本低，经济可行。配置陶粒的生态防护墙也具有一定的除磷效果，且能有效削减来自滇池水体的冲力负荷，使前置库稳定运行。

（4）前置库示范工程对 AOC、BDOC 生物稳定性指标有较好的去除效果，表明前置库示范工程有利于提高水体的生物稳定性，对 AOC 和 BDOC 的最大净化效率分别达到89%和72.3%。TOC 浓度监测研究表明，前置库示范工程对分子量小的有机物去除能力较强，前置库可有效拦截进入湖泊的有机污染物，提高生物稳定性。微生物检测显示，随着示范工程运行时间的延续，原生动物如臂尾轮虫、龟甲轮虫等逐渐出现，生物群落逐渐稳定，底泥基质中附着微生物量达到 $0.23\mu gP/g$ 基质，东大河来水水质得到持续改善。

（5）综合考虑 Monod 方程、化学动力学和 Fick 扩散定律，建立了前置库生态型水质综合模型。采用模型计算的 TN、TP、COD 浓度值，与实测数据吻合，模型可以用来解释前置库内污染物的去除途径和机制。水质模型计算结果与流场动力学模拟可以相互解释。

（6）建立了流场动力学方程，并对前置库一次暴雨过程前后25h进行流场变化的跟踪模拟，模拟结果与现场监测结果吻合较好，流场变化与污染物去除效率有着密切的关系，出口处流速较小时污染物有较大的去除率，当流速突然增大时去除率有所降低。

8.2　建议

尽管作者在前置库研究方面取得了一定的成果，获取了前置库运行中的关键参数，但在以下几方面仍有待继续深入研究：

（1）作者对前置库内微生物进行了检测，但对于微生物群落的演替及微生物净化水体的途径和机理仍有待深入研究；

（2）本书主要从工程角度和前置库净化功能的强化方面进行了探索，但作为偏重于生态修复的课题，仍需要从水利学、生物学角度给予更多的关注；

（3）鉴于前置库涉及到多学科的理论知识，本书研究了吸附剂的投加和生态防护墙对前置库净水功能的强化效果，但仍需要研究微生物群落及生态环境受到的影响；

（4）本书虽然研究了前置库流程及水质模型，但还需要更深入的研究二者之间的联系及相互影响。

第二篇　示范工程

9 示范工程建设及经验

9.1 高原湖泊特征

云南省九大高原湖泊（滇池、洱海、抚仙湖、星云湖、阳宗海、杞麓湖、异龙湖、程海及泸沽湖，以下简称"九湖"）分布在滇中、滇南、滇西和滇西北，分属昆明市、玉溪市、大理白族自治州、丽江市和红河州；其中滇池、程海和泸沽湖属长江水系，抚仙湖、杞麓湖、异龙湖、星云湖和阳宗海属珠江水系，洱海属澜沧江水系。

滇池、洱海、抚仙湖、星云湖、阳宗海、杞麓湖、异龙湖、程海及泸沽湖九大高原湖泊中，滇池、抚仙湖、星云湖、杞麓湖、阳宗海五个湖泊位于滇中地区，洱海、泸沽湖、程海三个湖泊位于滇西北地区，异龙湖位于滇南地区。按行政区划，抚仙湖、星云湖、杞麓湖为玉溪市管辖；滇池、阳宗海（玉溪市46%、昆明市54%流域面积）为昆明市、玉溪市管辖；洱海为大理白族自治州管辖；程海为丽江市管辖；泸沽湖（丽江市43%、四川省57%的流域面积）为丽江市、四川省管辖；异龙湖为红河州管辖。云南省九大高原湖泊基本特征见表9-1。

九湖流域总面积7905.2km²，以滇池流域面积最大，占九湖流域总面积的36.9%；最小的是阳宗海，天然流域面积192km²，仅占九湖流域总面积的2.1%。从湖泊面积来看，由大到小的次序为：滇池、洱海、抚仙湖、程海、泸沽湖、杞麓湖、星云湖、阳宗海、异龙湖。

湖泊深度抚仙湖最深，最深处达158.9m，平均水深95.2m；第二深水湖是泸沽湖，最大水深105.3m，平均水深38.4m；第三深水湖是程海，最大水深35.0m，平均水深26.5m。按湖水深度进行湖泊分类，云南九大湖中，抚仙湖、泸沽湖、程海、阳宗海属于深水湖泊；洱海属于中等深度湖泊；滇池、异龙湖、杞麓湖、星云湖属于浅水湖泊。

从降雨量和蒸发量来看：降雨量最高的是洱海流域，最低的是程海流域。蒸发量最高的是程海流域，最低的是杞麓湖流域。程海是九大高原湖泊中降雨量最低、蒸发量最高的湖泊，洱海则是降雨量最高而蒸发量较低的湖泊。

九湖总蓄水量303.57亿立方米，其中，蓄水量最大的是抚仙湖（206.2亿立方米），占九湖总蓄水量的67.9%，蓄水量中等的是滇池、洱海、泸沽湖和程海，

表 9-1　云南省九大高原湖泊基本特征

湖泊名称	流域面积/km²	所属水系	降雨量/mm	蒸发量/mm	湖泊面积/km²	平均长度/km	平均宽度/km	最大水深/m	平均水深/m	湖岸线长/km	岸线发育系数	入湖水量/亿立方米	出水量/亿立方米	蓄水量/亿立方米	换水周期/a	运行水位/m	最大落差/m	森林覆盖率/%
抚仙湖	674.7	珠江	872	1275	216.6	31.8	6.8	158.9	95.2	100.8	1.93	1.67	0.96	206.2	166.9	1720.50~1722.00	1.5	27.2
滇 池	2920	金沙江	797	1870	309.5	114	25.6	7.1	5.3	197.2	1.88	0.94	0.54	15.6	1.6	1876.5~1887.4	0.8	50.8
星云湖	373	珠江	872	1996	34.3	9.1	3.8	10.8	6.1	38.8	1.87	0.49	0.24	2.10	8.8	1721.50~1722.50	1.0	31.4
杞麓湖	254.2	珠江	883	1063	37.3	10.4	3.6	6.8	4.5	32.0	1.48	1.08	0.77	1.68	2.2	1794.25~1797.65	3.4	21.6
洱 海	2565	澜沧江	1048	1209	251.3	42.5	5.9	21.3	11.4	127.8	2.28	8.25	8.63	28.8	3.3	1972.61~1974.31	1.7	35.6
泸沽湖	247.6	金沙江	910	1170	57.7	9.5	6.1	105.3	38.4	44.0	1.63	1.26	0.27	22.2	83.4	2689.80~2690.80	1.0	45.0
程 海	318.3	金沙江	734	2169	74.6	17.3	4.3	35.0	26.5	45.1	1.47	1.27	1.31	19.8	94.3	1499.20~1501.00	1.8	17.0
阳宗海	192	珠江	939	2026	31.9	12.7	2.5	29.7	18.9	32.3	1.61	0.56	0.48	6.04	12.6	1767.00~1770.75	3.75	22.8
异龙湖	360.4	珠江	920	1909	29.6	13.8	2.1	5.7	3.9	62.9	3.26	0.48	0.16	1.15	7.2	1412.08~1414.20	2.12	34.2

较小的是异龙湖、杞麓湖。如按湖泊容积来排列云南九个湖泊，由大到小的排序是：抚仙湖、滇池、洱海、泸沽湖、程海、阳宗海、星云湖、杞麓湖、异龙湖。

2010 年度，在 7 个湖泊中的 17 条入湖河流 20 个断面开展的监测中，仅有洱海弥苴河下山口断面、万花溪喜州桥断面水质达到保护目标要求，所监测的 17 条河流 20 个断面均未达到水环境功能要求，入湖河流普遍受到污染。见表 9-2。

表 9-2　2010 年七大高原湖泊主要入湖河流水质状况

湖泊名称	主要入湖河流	监测断面名称	水域功能	水质类别	达标情况	主要污染物
滇池	草海	草海入口	III	V	不达标	COD、氨氮、总磷
阳宗海	阳宗大河	入湖口	II	V	不达标	总磷、BOD_5
洱海	弥苴河	江尾桥	II	III	不达标	BOD_5
		下山口	II	II	达标	—
	永安江	桥下村	II	IV	不达标	BOD_5
		江尾东桥	II	III	不达标	溶解氧
	罗时江	沙坪桥	II	IV	不达标	溶解氧
		莲河桥	II	IV	不达标	溶解氧
	波罗江	入湖口	II	IV	不达标	氨氮
	万花溪	喜州桥	II	II	达标	—
	白石溪	丰呈庄	II	III	不达标	BOD_5
	白鹤溪	丰呈庄	II	IV	不达标	总磷
抚仙湖	马料河	马料河	I	V	不达标	溶解氧、BOD_5、氨氮
	隔河	隔河	I	IV	不达标	BOD_5、石油类
	路居河	路居河	I	>V	不达标	BOD_5、总磷
星云湖	东西大河	东西大河	III	>V	不达标	BOD_5、总磷、氨氮
	大街河	大街河	III	>V	不达标	BOD_5、氨氮、总磷
	渔村河	渔村河	III	V	不达标	BOD_5、氨氮、总磷
杞麓湖	红旗河	红旗河	III	>V	不达标	BOD_5
异龙湖	城河	3 号闸	III	>V	不达标	COD_{Mn}、溶解氧、BOD_5、氨氮、总磷

注：程海、泸沽湖入湖河道未开展监测工作。

9.2　入湖河道污染现状

滇池流域河流水系发育，但大多源近流短，市区常年汇入滇池的河流有 20 余条，其中集水面积 100km² 以上的河流有盘龙江、宝象河、洛龙河、大河、东大河、柴河、捞鱼河、新河等 8 条。昆明主城区由西向东依次穿城而过的河流是：新运粮河、老运粮河、乌龙河、西坝河、船房河、采莲河、盘龙江、大清河（明通河、枧槽河）、海河（东白沙河）、小清河、宝象河等 11 条，总集水面积 1279km²，占滇池流域面积的44%。城区河流的特点是受人类影响大，明河暗渠交错，成为雨、污水排放通道直入滇池。根据各河流的功能和在城区防洪排污中的主要任务，可分为防洪河道和排污河道两大类，部分穿城而过的河道也兼顾着城市景观作用。隶属呈贡县、晋宁县的马料河、洛龙河、捞鱼河、梁王河、大河、柴河、东大河、古城河、护城河等河道除担负着防洪、排污的任务外，还肩负农灌供水任务。

根据昆明市城市排水监测站从 2002 年以来对主要入湖河道进行水质水量同步监测资料，对照 GB3838—2002《地表水环境质量标准》，滇池入湖河道综合水质类别为劣 V 类，大部分河道污染极其严重（见表9-3）。2010 年，滇池流域河流污染主要表现为氮、磷及有机污染，主要超标指标为化学需氧量、生化需氧量、总氮、总磷、氨氮。纳入监测的 28 条主要入湖河流中，进入草海的 4 条河流水质均为劣 V 类，污染最严重的是乌龙河、新河；进入外海的 9 条河流中，除大河、东大河为 V 类外，其余均为劣 V 类，其中污染最严重的是大清河、古城河。在比较评价的 5 项指标中 TN、TP 超 V 类标准的程度最为严重，污染最严重的海河 TN、TP 超过地表水 V 类甚至达到了 20 倍、10 倍，茨巷河 TN、TP 达到了 24 倍和 10 倍。因此，依据水质指标超标程度可判断入湖河道主要控制污染物为总氮和总磷。

通过 2002 年 11 月 ~ 2005 年 6 月的监测数据统计，主要入湖河道平均每年向滇池输送污染物：COD 54477t、TN 11969t、TP 1107t（见图2-3）。而在每年里旱季（1 ~ 5 月）与雨季（6 ~ 10 月）入湖河道的污染负荷变化较大，COD_{Cr} 和 TN 的污染负荷雨季比旱季增加约 50%，TP 的污染负荷雨季与旱季相比增加约 15%，有的河道增加超过 90%。通过 2010 年 11 月 ~ 2012 年 6 月的监测数据分析，河道污染现状总结为：

（1）入滇池的主要河道水质都为劣 V 类，为重度污染，主要超标项目为 TN、TP。

（2）监测河道的入滇池年均水量近 9 亿立方米，占滇池流域入湖水量的 73%。各河道的水量差异较大，大清河、盘龙江等十条河的入滇池水量占监测河道入滇池水量的 84%。

（3）入湖河道是污染物进入滇池的最主要通道，年均向滇池输送的 COD_{Cr}、TN、TP 分别占滇池流域污染物负荷量的 72.0%、78.8% 和 80.2%。每年旱季与雨季的污染负荷变化较大，雨季的污染负荷比旱季增加较多，随着降雨的地表径流，大量的污染物由入湖河道排入滇池。

表9-3 2010年主要入滇池河道水质情况分析表

区域	河道名称	BOD₅ 浓度/mg·L⁻¹	BOD₅ 超V类倍数	COD_Cr 浓度/mg·L⁻¹	COD_Cr 超V类倍数	总磷 浓度/mg·L⁻¹	总磷 超V类倍数	总氮 浓度/mg·L⁻¹	总氮 超V类倍数	氨氮 浓度/mg·L⁻¹	氨氮 超V类倍数	综合污染指数	水质类别
草海	王家堆渠	13.7	1.37	47.6	1.19	0.892	2.23	8.05	4.03	3.79	1.90	10.71	劣V类
	新运粮河	46.8	4.68	124	3.10	1.78	4.45	23.3	11.65	17.5	8.75	32.63	劣V类
	老运粮河	33.0	3.3	104	2.60	1.74	4.35	20.1	10.05	12.7	6.35	26.65	劣V类
	乌龙河	71.6	7.16	164	4.10	1.99	4.98	21.9	10.95	14.9	7.45	34.635	劣V类
	大观河	7.71	0.771	37.2	0.93	1.23	3.08	15.5	7.75	10.2	5.10	17.626	劣V类
	船房河	28.9	2.89	82.2	2.06	1.66	4.15	17.1	8.55	12.4	6.20	23.845	劣V类
	西坝河	21.7	2.17	63.4	1.59	1.58	3.95	16.7	8.35	11.9	5.95	22.005	劣V类
外海	采莲河东泵站	17.7	1.77	73.3	1.83	1.61	4.03	18.9	9.45	14.9	7.45	24.5275	劣V类
	采莲河中泵站	13.1	1.31	51.0	1.28	1.08	2.70	13.6	6.80	8.10	4.05	16.135	劣V类
	盘龙江	10.6	1.06	54.3	1.36	1.03	2.58	10.5	5.25	6.99	3.50	13.7375	劣V类
	明通河	41.6	4.16	98.2	2.46	2.05	5.13	25.9	12.95	20.9	10.45	35.14	劣V类
	大清河	30.8	3.08	96.9	2.42	1.98	4.95	23.2	11.60	18.8	9.40	31.4525	劣V类
	海河	50.6	5.06	174	4.35	4.15	10.38	25.6	12.80	19.4	9.70	42.285	劣V类
	枧槽河	53.6	5.36	134	3.35	2.62	6.55	26.2	13.10	19.4	9.70	38.06	劣V类
	小清河	16.1	1.61	69.8	1.75	1.38	3.45	15.6	7.80	9.04	4.52	19.125	劣V类
	老宝象河	7.90	0.79	42.6	1.07	0.404	1.01	4.20	2.10	2.00	1.00	5.965	劣V类
	新宝象河	10.6	1.06	45.9	1.15	0.863	2.16	10.3	5.15	5.23	2.62	12.13	劣V类
	马料河	8.03	0.803	60.7	1.52	0.740	1.85	12.5	6.25	5.92	2.96	13.3805	劣V类
	洛龙河	2.71	0.271	18.4	0.46	0.170	0.43	2.97	1.49	0.294	0.15	2.788	劣V类
	捞渔河	3.79	0.379	33.5	0.84	0.231	0.58	6.27	3.14	0.381	0.19	5.1195	劣V类
	白渔河（大河）	4.09	0.409	41.7	1.04	1.15	2.88	3.34	1.67	0.249	0.12	6.121	劣V类
	茨巷河（柴河）	6.53	0.653	47.3	1.18	4.43	11.08	47.8	23.90	31.5	15.75	52.5605	劣V类
	古城河	6.71	0.671	45.9	1.15	2.80	7.00	4.12	2.06	0.843	0.42	11.3	劣V类

注：由昆明城市排水监测站提供。

（4）各主要入湖河道中，按水质污染程度排序依次是：较为严重的包括海河、枧槽河、明通河、乌龙河、新运粮河、老运粮河、茨巷河、大清河、古城河等；污染状况较轻的河道包括洛龙河、捞鱼河及老宝象河等。

（5）各主要入湖河道中，按入湖水量排序依次是：盘龙江、枧槽河、新运粮河、新宝象河、明通河、船房河、洛龙河、老运粮河、白鱼河等，水量较小的河道有采莲河、古城河、西坝河、马料河、小清河等。

（6）各主要入湖河道中，按入湖污染物量排序依次是：枧槽河、盘龙江、新运粮河、明通河、海河、茨巷河、新宝象河、船房河、老运粮河、乌龙河等。

9.3　入湖河道治理状况及存在的问题

9.3.1　入湖河道治理状况

从1993年开始，为了缓解和改善滇池污染状况，政府先后投入大量资金，用于与滇池治理相关的工程项目及科技公关课题研究。

"十五"期间，在污染控制方面，完成第五、六污水处理厂和污水处理厂进水主干管建设后，在不断完善城区污水管网的同时，把河道的治理也列为重点对象。自2001年起，先后对采莲河、盘龙江上段、枧槽河、明通河、大清河等河道进行了综合整治，统筹考虑截污治污、城市防洪和城市景观。此外，目前，船房河、乌龙河、新宝象河、盘龙江中段正在整治中（见表9-4）。从河道水质监测数据来看，通过"十五"期间的入湖河道治理工作，有效的削减了入湖污染负荷；但是河道治理过程中还存在一些明显不足之处。在"十一五"规划中，结合现有河道治理存在的问题和治理状况，将入湖河道整治工作作为治理滇池污染减少入湖污染负荷的一项重点工作，实施盘龙江、新运粮河、海河、西坝河、老运粮河、金汁河、玉带河、篆塘河、洛龙河等12条入湖河流综合整治，整治河流长度72.4km，其中捞渔河、马料河、护城河等3条河完成前期工作。

表9-4　已整治和正在整治河道一览表

序号	河道名称	整治的内容	责任单位	实施时间/年
1	大观河	截污、疏挖及水体置换	昆明市市政公用局	1990~1996
2	明通河	河道整治、道路新建、景观绿化、敷设污水次干管	官渡区政府	1999~2000
		敷设第二污水处理厂进水主干管	昆明市排水公司	
3	采莲河	河道截污、河道整治、泵站及节制闸、桥梁及景观绿化	昆明市市政公用局	2001~2002
4	盘龙江上段	河道截污	昆明市滇池管理局	2003~2004

序号	河道名称	整 治 的 内 容	责 任 单 位	实施时间/年
5	枧槽河	河道截污、河道整治、新建道路及景观绿化、清水回补	昆明市滇池管理局	2004～2006
6	大清河	河道截污、河道整治、新建道路及景观绿化、淤泥疏挖及处置	昆明市滇池管理局	2004～2006
7	船房河	河道截污、河道整治、新建道路及景观绿化	昆明市滇池投资有限公司	2005～2007
8	乌龙河	河道截污、河道整治、新建道路及景观绿化	昆明市滇池投资有限公司	2006～2007
9	盘龙江中段	污水转输（泵站及转输干管）、排污口改造、河道整治及清淤、水下卧倒门及橡胶坝	昆明市滇池管理局	2004～2006
10	宝象河	河道整治、桥涵及节制闸	昆明市水利局	2004～2006

9.3.2 入湖河道存在的问题

大多数河道普遍存在的问题有：

（1）污染来源多，截污不彻底：

1）在河道整治工程中，仅对河道本身进行截污，而纳污范围内分流制排水系统未形成，河道中仍有污水汇入；2）河道整治范围外产生了新的污染源，而片区的排水系统尚未形成，新的污染源只能进入河道；3）汇水范围内存在有源的沟渠、支流，此类沟渠、支流污染物浓度较低，但水量较大，若彻底截流，污水处理厂进水的浓度将大大降低，从而降低了污水处理厂的运行效率。因此，在实施截污时，对此类沟渠、支流未彻底截流。

（2）已整治的河流整治不彻底，未整治的河流还居多。河道整治设计时，已综合考虑整治内容，但由于须投入大量的资金，故根据政府的资金情况仅实施了部分内容，大多数的河道还未进行综合整治。

9.3.3 东大河概况

东大河发源于东南部的干海孜（海龙）白泥箐，流经宝峰镇清水河村北面过昌家营，平行昆洛公路至双龙村与来自石官坡、后所山及挖矿坡山箐水，流经小河口在双龙村北相汇北下，流至大沙滩汇集洛武河山箐水，行至昆阳镇乌龙汇集老王坝河山箐水，经大乌河、储英由兴旺村河嘴流入滇池。全长21km，径流面积195.44km²，总落差120m，据晋宁县水利局勘测设计队1999年12月编制的《滇池大型灌溉区（晋宁片区）续建配套与节水改造规划报告》，东大河河道平均坡降0.57%，多年平均含沙量14kg/m³，年输出量79.5万吨；设计永久性建筑物过水量25.6m³/s，丰水期流量16m³/s，枯水期流量0.2m³/s，泄洪能力按20年一遇的洪水标准设计最大泄洪量为76.42m³/s。以双龙水库为界，以上为河流上游，长9.73km；以下至昆洛公路的交界为中游，长6.68km；昆洛公路以下至滇池入口为下游，长4.59km。中下游段部分河道经整治后用浆砌石加以衬砌，其余为土堤。

东大河沿线位于铁所山断裂与温泉岭-余家海弧形断裂东端之间的地块上，沿线均被第四系冲击、洪积物覆盖，成分主要为砂、卵石及砂质黏土，厚度3～20m。下伏地层为昆阳群黑山头组（P_t^{hs}）的板岩、变质石英砂岩夹石英岩；震旦系南沱组（Z_b^n）的暗红色粉细砂岩、页岩；陡山沱组（Z_b^d）的中细石英砂岩、页岩。由于受弧形断裂的控制，岩层产状呈走向北东，倾向南东，倾角30°～35°。河谷两岸山体自然坡度15°～45°。局部地段较陡，可达60°以上。地表普遍被第四系坡积物所覆盖。

9.4 项目实施的必要性

滇池流域内的河道是污染物进入滇池的主要途径。由于河道污染源多、范围广，治理难度大，在这种情况下，有必要结合河道截污、防洪整治、河口湿地的建设，实施河口前置库项目，探索面源污染控制的有效措施，为河口减污、净化提供参考和示范工程，实现滇池流域入湖水质的显著改善，促进滇池水体保护。项目实施的必要性主要体现在以下几方面：

（1）削减面源污染，保护滇池水体。近十年来，由于农业种植结构调整，农田化肥用量逐年加大，经济作物种植面积扩大，化肥施用强度增加，农田氮、磷流失加重；经过农业经济地区的河道，由于没有有效的收集及处理设施，汇集了大量的农业面源污物和农村村镇生活废水携带大量悬浮物、总氮、总磷直接进入滇池。据数据统计，入湖主要污染物COD中，面源占37%；TN中面源占27%，TP中面源占45%。由此可见，面源污染是滇池的主要污染源之一。

（2）前置库是河道综合整治的重要措施之一。由于历史的原因，在昆明城市化、工业化快速发展的同时，昆明城市排水管网建设却严重滞后及污水处理厂的处理能力的不足，随着城市用水量的增加，流过城区的河道大多都沦为纳污河道，这些河道接纳了昆明地区未经过处理的工业废水及生活污水，呈向心状注入滇池，是污染物进入滇池的主要通道。

（3）对河口污染控制提供很好的示范。农业面源污染范围广，污染源多，污染物的发生、迁移和转化具有随时间和空间而变化等特点。因此，也是当前国内外污染治理中的重点、难点和热点问题之一。针对滇池面源污染复杂特点，有必要进行相关综合研究，为滇池面源污染控制提供技术支持和工程示范。

河流是湖泊之源，湖泊是河流之汇。大量污染物都是通过河流的迁移、转化和运输作用进入滇池水体的。本项目选取流经村庄及农业种植区，农业面源污染较重，水土流失量大的河流进行示范，将为滇池入湖河道河口治理提供很好的技术示范。

9.5 项目实施的可行性

9.5.1 技术的可靠性

河口前置库技术源于20世纪50年代，欧洲的德国等国家率先提倡和应用于流域面源污染控制，是一种针对小流域面源污染控制的综合技术。河口前置库是通过工程措施，延长水力停留时间，利用物理沉降及生物生化净化综合技术，经过物理沉降、吸附，以及生物吸收和微生物降解作用，来实现对地表径流进入河流的 N、P 营养盐、固体悬浮物和有机污染物的去除，从而有效削减入湖污染负荷，减缓富营养化进程，改善水质。其机理简单，受影响因素较少，是一种自然净化过程，稳定可靠。

日本在90年代后期在川尻川、园部川等河川入湖口进行河口前置塘的实地建设和推广，并进行了相关研究。经过十多年的研究和实际应用，结果表明，河口前置库技术对控制面源污染减少湖泊有机污染负荷，特别是去除地表径流中的悬浮物、总磷、总氮具有较好的效果，悬浮物、总氮和总磷的去除率可分别达60%、15%和40%左右。德国、丹麦、捷克和日本等很多国家通过该技术长期应用表明，该技术是可靠的，对控制面源污染效果明显。经比较分析，东大河是以面源污染为主的河道，入湖口处风浪小，湖流相对稳定，河水泥沙和 SS 含量相对较高，河道常年有水流，在河口建设前置库是可行的。

9.5.2 经济的合理性

河口前置库技术是河道综合治理的措施之一，所需要的工程设施不是很复杂，主要由格栅、沉沙池、一般沉淀区和水生植物组成。具有投资少、工程建设周期短、工程量小、工程建设占地少、见效快的特点。项目建成后，其管理运行维护相对简单，费用较低。因此，单位水量处理费用较低，经济上是合理的。

9.5.3 工程实施的可操作性

项目区地理条件很适合建设前置库，入湖口风浪小，湖流稳定，水深在1~2m 间，基底为砂土层，适合打 4m 和 6m 桩建设围隔，并能确保围隔的牢固性。入湖口两侧分布有 100 多亩鱼塘，有道路临近项目区。只需在鱼塘边修建约500m 长的土路，便可创造施工道路。边上有兴旺村，方便接通电线，施工条件便利。本示范项目采用的工程措施曾经在滇池底泥疏浚、湖滨生态带的建设等项目中得到运用是常规技术,施工工艺简单,容易实施,具有很好的可操作性。

9.6　前置库设计原则

9.6.1　前置库设计原则

(1) 以《滇池水体保护条例》为原则:根据《滇池水体保护条例》中相关规定,不能在滇池水体保护范围内填埋外来土石及修建混凝土建筑。因此,在设计前置库围堤过程中,不能使用石头和混凝土材料,尽量采用竹排、木桩等来构建水体分隔带。

(2) 因地制宜,合理设计的原则:前置库的布设尽量与湖流方向一致,水体分隔带采用弧形,以减少湖流和波浪的冲击力,从而提高前置库的稳定性。设置出水口时要考虑滇池水倒灌问题。

前置库中,沉淀区要求水深在 2 ~ 2.5m,且断面相对要宽,以利于泥沙和悬浮物的物理沉淀。而植物净化区,水不易太深,一般为 0.5 ~ 1.5m,适合于各个类型水生植物的种植和生长。

(3) 综合设计,互补利用,尽可能有效利用资金为原则:前置库的建设过程中,需要部分施工条件的创造,而在开挖土方中也将产生大量的土方。东大河入湖口两侧有大片闲置鱼塘,因此,如何综合设计,尽可能有效利用资金是本设计中重点考虑的问题。

(4) 生态效益优先,兼顾景观效益为原则:在工程设计中,既要考虑项目建成后对水质的净化作用,以及恢复生物多样性、提高生态稳定性等生态作用;又要考虑物种的合理搭配,构建绿色生态屏障,形成美丽的环境景观。

此外,在施工设计中,尽可能考虑水体分隔带和其他设施与当地环境的融洽性,避免视觉景观污染。

9.6.2　植物区物种选择的原则

按照生态学中的整体性原理、生态位原理、物种多样性原理以及因地制宜原则、时间节律原则和种群匹配原则等进行湿地物种的构建。湿地植物的恢复与建设应坚持本地物种优先的原则,同时兼顾湿生乔木的经济价值。在湖滨生态带中植物的选择与种植应遵循以下原则,即:(1) 因地制宜的原则:根据湿地类型,选择适合生长的植物;(2) 物种多样性的原则:尽可能多的应用云南的乡土植物,以创造生物的多样性。

9.7　前置库方案比选

考虑到东大河流域面积大,来沙量大,附近有磷矿,因此,前置库建设是极其有必要的。因此，在几个方案的比选中，前置库的建设是必要的部分。

9.7.1 方案一

建设前置库，开挖土方外运，不利用闲置鱼塘进行河口湿地建设。根据水文分析，结合东大河下游最大过流量，则东大河前置库的最大处理流量为$20m^3/s$。在保证有效水力停留时间的前提下，需在河口设置$64380m^2$的前置库，对河水的泥沙进行沉淀净化。在距离河口100m处设置拦垃圾粗格栅，对河道的漂浮物进行拦截，保证河道的畅通，减少入湖垃圾及其他的污染物。在前置库中，建立浮岛，进行水质净化。而在前置库建成以后，在进水格栅处及前置库的水面进行半年周期的"液可清"微生物修复试验。在前置库的建设中，预计开挖土方$20224m^3$。这些土方为湖口底部沉积的泥沙，与水混合，一来不方便装车；二是附近无处置安放的场所，因此，这么多土方的运输处置是一个难题，也增加了额外的运输处置成本。

方案一的优点：投资适中，在雨季前置库的净化效果极其明显，对泥沙、SS及TP的去除效果显著。

方案一的缺点：（1）由于没考虑使用周边的闲置鱼塘，开挖的湖底泥沙的运输处置比较困难，成本相对增加；（2）不租用闲置鱼塘，使施工场地条件成为不便利的因素；（3）前置库雨季对河水的净化效果发挥显著的作用，然而，在旱季，水量相对少，前置库对河水中COD、TN等污染指标的去除作用不是很高；（4）施工中，可能在运输、施工中对当地的农户造成影响，群众的思想工作难以开展，群众的积极性和支持力度可能相对降低。

9.7.2 方案二

建设前置库，开挖土方外运，进行退塘还湖。东大河前置库设计最大处理流量为$20m^3/s$，在河口设置$64380m^2$的前置库，在距离河口100m处设置拦垃圾粗格栅。前置库中，建立浮岛，进行水质净化。而在前置库建成后，还在进水拦格栅处及前置库的水面进行半年周期的"液可清"微生物修复试验。由于河口两侧的闲置鱼塘在界桩内，可以利用前置库示范项目开展的契机，考虑一次征用这67亩鱼塘，进行退塘还湖。征地费用相对高一点，使整个项目的投资略偏高。

方案二的优点：（1）在雨季前置库的净化效果极其明显，对泥沙、SS及TP的去除效果显著；（2）由于实行"退塘还湖"，符合"三退三还"的政策，增加了滇池湖面面积。

方案二的缺点：（1）征用鱼塘使整个项目成本相应提高；（2）征用的闲置鱼塘进行退塘还湖，开挖的湖底泥沙的运输处置比较困难，投资也相对增加；

（3）前置库雨季对河水的净化效果发挥显著的作用，然而，在旱季，水量相对少，前置库对河水中 COD、TN 等污染指标的去除作用不是很高；（4）征地可能和群众引发纠纷，群众的积极性和支持力度可能相对降低。

9.7.3　方案三

建设前置库，开挖土方进行基底修复，进行河口湿地建设。前置库主体部分基本没有变化，设计最大处理流量为 $20m^3/s$，前置库面积 $64380m^2$，库容 $89290m^3$。距离河口 100m 处设置拦垃圾粗格栅。前置库中，建立浮岛，进行水质净化。而在前置库建成以后，还在进水拦格栅处及前置库的水面进行半年周期的"液可清"微生物修复试验。

河口两侧的闲置鱼塘在界桩以内，可以利用前置库示范项目开展的契机，考虑租用 67 亩鱼塘，进行开挖土方的处置，在处置土方的过程中，鱼塘基底得到了修复，因此，可以进行河口湿地建设。河口湿地的建设，可以和河口前置库构成互补的综合系统。在旱季，可以利用湿地净化河水，使河水的污染物得到高效削减。而租地费用价格低廉，农民也乐意租闲置鱼塘。

方案三的优点：（1）在雨季前置库的净化效果极其明显，对泥沙、SS 及 TP 的去除效果显著；（2）由于实行河口湿地恢复，符合"三退三还"的政策；（3）这些闲置鱼塘位于界桩以内，是湖滨生态湿地建设《滇池流域入湖河道治理详细规划》中规划的范围目标，因此，河口湿地建设符合《滇池流域入湖河道治理详细规划》的建设内容；（4）由于湿地的建设，可以作为前置库的补充，在旱季，把东大河水引入湿地，对污染物将有高效的去除效应，而雨季，湿地也可以发挥湖滨生态缓冲带的作用，分担部分水的净化，并缓冲该地区的部分地表径流，而湿地建设也利于恢复本区域的生物多样性；（5）湿地的建设，一方面解决了土方的处置问题，并创造了前置库建设的部分施工条件，另一方面也造就了湿地建设的条件，是一个互利的过程；（6）由于是租用闲置鱼塘，使村上也得到了利益，在施工中吸纳了一些村民参与，提供了劳动力，使村民的积极性提高。

方案三的缺点：租用鱼塘使整个项目投资略微提高。

通过以上三个方案的比选，方案三的优点多，缺点少。从生态、环境、社会效益上综合分析，方案三的效益最大。因此，我们把方案三作为了优选方案。

9.8　前置库方案设计

9.8.1　方案设计内容

9.8.1.1　项目内容

东大河是农业面源污染、农村垃圾和污水污染为主的河流，泥沙及悬浮物含量高。因此，采用综合工艺建设示范项目包括三大方面的内容：河口前置库、稀土吸附剂净化和河口湿地生态修复。

（1）河口前置库：前置库项目由格栅、水体分隔带、沉砂池及沉淀区、植物浮岛组成。总面积 64380m²，总容积 89290m³，东西向长约 520m，南北向宽约 150m。

（2）稀土吸附剂净化区：实验周期为一年，在入湖口上游 100 河段和前置库中实施。

（3）河口湿地：为表面流湿地，面积 67 亩。在东大河入湖河口两侧。

9.8.1.2 项目各部分之间的关系

（1）整个前置库示范项目是综合体系，前置库是项目的主体，河口湿地生态修复和吸附剂净化为其辅助和补充。

（2）在雨季，前置库主要发挥功能作用，东大河污染河水首先通过格栅拦截河道漂浮物及垃圾；然后进入沉淀区，水体在沉淀区进行充分沉降、分解，去除大量入湖泥沙后，随后进入浮岛生物净化区，通过植物根系的接触及吸收，增强净化作用；最后水流从水体分隔开口进入滇池。

（3）为增强对河水的净化作用，分别在格栅前和沉砂池环节加入稀土吸附剂，通过吸附剂的吸附作用，实现对氮磷的吸附并通过清淤去除。

（4）在旱季，河道流量较小，把东大河河水引入河口湿地后，河口湿地将对水中的 COD、TN 和 TP 有很好的净化作用。而在流量大的时候，河口湿地也能为前置库分担一部分水量进行净化。

9.8.2 工艺参数设定

在东大河入湖河口建设 64380 m² 的前置库，67 亩河口湿地，并实施"液可清"微生物修复。其主要目的，就是为了削减该河流集水域中通过径流产生的面源污染，对河水水质进行综合净化，从而减少该区域年入湖污染物的量。防止入湖口河床和湖盆变浅。其工艺参数和水质净化参数见表 9-5。

表 9-5 工程总体设计参数表

序号	工程主要参量	设 计 参 数	备 注
	1. 前置库		
（1）	前置库总面积/m²	64380	
（2）	工作水位/m	1886.5 ~ 1887.4	
（3）	前置库容积/m³	89290	
（4）	水流方式	沿长向平流	
（5）	设计流量/m³·s⁻¹	20	

序号	工程主要参量	设 计 参 数	备 注
(6)	最大设计流量滞留时间/h	1.24	流量20m³/s
(7)	重现期一年洪水滞留时间/h	2.96	流量8.39m³/s
(8)	设计去除能力		以工程区外为对照
1)	SS/%	50	
2)	COD$_{Cr}$/%	15	
3)	BOD$_5$/%	15	
4)	TP/%	30	
5)	TN/%	15	
2. 河口湿地			
(1)	总面积/m²	44689（67亩）	
(2)	湿地类型	表流湿地	
(3)	总容积/m³	13400	按0.3m水深
(4)	水流方式	沿东大河两侧表面流	
(5)	设计处理水量/m³·d⁻¹	10000	
(6)	最大设计流量滞留时间/d	1.34	
(7)	设计去除能力		以工程区外为对照
1)	SS/%	50	
2)	COD$_{Cr}$/%	40	
3)	TP/%	30	
4)	TN/%	20	
3. 稀土吸附剂净化区			
(1)	试验周期/a	1	
(2)	吸附剂量/g·m⁻³	0.1~1	

9.8.3　前置库区设计工程量

9.8.3.1　工程布置

前置库项目由格栅、水体分隔带、沉砂池及沉淀区、植物浮岛组成。格栅布设于河口上沿100m，宽度为12m，兼顾河道行洪要求，格栅按粗隔拦污栅设计，栅渣采用人工定期清理。为便于栅渣的清理，格栅后设工作桥，桥宽1.5m，跨度12m。水体分隔带总长769.6m，起点为东大河河口左岸防浪堤，顺南北向湖内延伸180m，随后转至东西向与防浪堤大致平行，止点为东大河老河口右侧，形成相对封闭的区域。考虑湖流影响，前置库出口布设于老河口附近，总宽

24m。沉砂池及沉淀区为不规则形状，总面积64380m²，总容积89290m³，东西向长约520m，南北向宽约150m。沉砂池紧接河口布置，为扩散梯形状，顺流方向长140m，平均宽度110m，容积15580m³，设计底高程1885.0m。沉砂池后为一般沉淀区，面积为48800m²，水深0.75～1.75m。植物浮岛紧靠沉砂池及沉淀区的水体分隔带内侧布设，呈零散片状分布，总面积1440m²。

9.8.3.2 设计流量确定

根据设计洪水分析计算，东大河滇池入湖口洪水成果如表9-6所示。

表9-6 东大河入滇池口设计洪水成果表

项 目		重现期/a				
		10	5	2	1	0.5
上游水库下泄洪水	Q_m/m³·s⁻¹	40.4	32.1	20.3		
	W_{24h}/万立方米	253	202	123		
区间洪水	Q_m/m³·s⁻¹	45.1	33.7	15.8	8.39	6.91
	W_{24h}/万立方米	389	291	137	72.5	59.7
东大河入滇池口	Q_m/m³·s⁻¹	85.4	65.8	36.1	8.39	6.91
	W_{24h}/万立方米	642	493	260	72.5	59.7

根据《晋宁县水利志》东大河已进行了河道整治，其中下游段右新桥至滇池长4940m，河道整治设计最大过流量为20m³/s，河床底坡1‰。从表9-6洪水计算成果可看出，河道整治设计过流量小于洪水重现期为2年的洪水流量$Q=36.1$m³/s，大于同一重现期水库下游区间的洪水流量$Q=15.8$m³/s。鉴于河道整治设计最大过流量为20m³/s，超过该流量将产生河水漫堤，因此，前置库最大流量按20m³/s设计；该流量接近于重现期为2年，暴雨量为66.4mm时产生的区间洪水流量。

9.8.3.3 格栅

A 结构

为有效拦截漂浮物、垃圾等进入滇池，在河口上沿100m处设置拦污格栅。为保证河道的行洪要求，采用固定式粗隔拦污栅，设计最大过流量为20m³/s。格栅总宽度为8.8m，最大高度2.5m，栅条间距为8cm，采用型钢制作，框架为20号槽钢，栅条用6mm厚60mm高扁钢条焊接。格栅后设工作桥，桥宽1.5m，跨度12m，分两孔。中间桥墩采用木桩围护，内填C15混凝土，桩基深入河底3m，两侧支撑结构沿用原河堤。桥面高程为1888.5m，工作桥采用型钢制作，主梁为20号工字钢，横向用3cm高扁钢条焊接。

B 水力计算

河道宽度为$B=12$m，栅条采用扁钢，栅条厚度：$\delta=6$mm，格栅条间距：

$b=80\text{mm}$，则格栅条数 n 按下式计算：$B=S(n-1)+nb,n=139$。

格栅倾斜度：$\alpha=75°$，栅前渠道超高取 0.3m

则过流断面面积为：$S=b(n-1)H/\sin\alpha=25.14\ \text{m}^2$

过栅流速 $v=Q/S=0.796\text{m/s}$，满足清污要求。

通过格栅的水头损失：$h_1=\xi V^2/(2g)=0.03$

圆头格栅的阻力系数：$\xi=0.71$

计算的水头损失：$h_0=\xi V^2/(2g)\sin\alpha=0.022$

一般格栅受污物堵塞，水头损失增大 3 倍，故实际水头损失为：

$$H_1=3×0.022=0.066\text{m}$$

小于格栅水头损失的一般采用 0.08～0.15m，满足要求。

9.8.3.4　水体分隔带

为创造相对分离的水体区域，满足泥沙沉淀要求，需在河口用水体分隔带将滇池水与东大河出水分开，形成相对封闭的区域。水体分隔带起点为东大河河口左岸防浪堤，顺南北向湖内延伸240m，随后转至东西向与防浪堤大致平行，止点为东大河老河口右侧，总长 769.6m。

　　A　结构设计

按照《滇池保护条例》的要求，水体分隔带不宜采用土石围堰、混凝土堤坝等形式，借鉴国内外前置库成功经验，与技术经济综合比较，本示范项目的水体分隔带拟采用已在滇池成功应用的木桩消浪带形式，尽可能减少对滇池的影响。水体分隔带为双排木桩中间回填装土编织袋结构，垂直木桩间用纵向木料绑扎连接成整体，双排横向木桩间用木材和铁丝支撑、固定牢靠。为防止冲刷和渗漏，在木桩框架内侧设置无纺布和防渗薄膜。沉砂池区域用 6m 长木桩，单排按每米 5 根形成支撑结构。沉淀区用 6m 桩长和 4m 桩长的木桩交替布置，即 1 根 6m 长桩接 3 根 4m 长桩，形成支撑结构。水体分隔带结构见图 9-1。

　　B　水力计算

为满足泄洪要求，在前置库尾端设出水口 6 个，总宽 24m，是东大河河口宽度 12m 的 2 倍，满足河道最大过流量 20m³/s 的泄流要求。

9.8.3.5　沉砂池及沉淀区

沉砂池及沉淀区通过降低入湖水流速度，使径流污水中的泥沙沉淀，同时颗粒态的污染物也随着沉淀，达到蓄混放清，净化水质的目的。整个区域为不规则形状，总面积64380m²，总容积89290m³，东西向长 520m，南北向宽 150m。按最大过流量 20m³/s 计算，沉砂池及沉淀区的停留时间为 1.24h。按洪水重现期 1 年（暴雨量35.2mm），流量 $Q=8.39\text{m}^3/\text{s}$ 计算，停留时间为 2.96h。

　　A　结构设计

沉砂池紧接河口布置，通过疏挖河口淤积区域而成，为扩散梯形状，顺流方向长 180m，平均宽度 170m，正常水深 2m，容积 15850m³，设计底高程 1885.0m。东大河携带的推移质泥沙将在此区域内沉淀。沉砂池后为一般沉淀区，总面积为 44354m²/s，水深约为 1～2m，微小的污染物在此进一步沉淀。研究表明随着地表径流而发生的土壤侵蚀会使土壤中累计的氮、磷附集于泥粒等载体随水流转移，河水通过沉砂池和一般沉淀区减缓了流速，改变了流向，泥沙和污染物颗粒自然伴随沉淀至底，从而达到初步净化水体的效果。

B 水力计算

沉砂池南北向平均宽度为 170m，平均水深 2m，按最大过流量 20m³/s 计算，行进流速为 0.056m/s，满足沉沙要求，推移质泥沙在此区域内基本得到沉淀。根据泥沙计算结果，东大河入滇池口断面多年平均来沙量为 42328t，其中推移质多年平均来沙量为 6408t。泥沙容重按 1800kg/m³ 计算，需 3600m³ 的沉淀区域。沉砂池的设计容积为 15850m³，可满足 4.4 年的沉沙量。

参照昆明市大多数中小型水库的一般运行管理经验，悬移质排沙率约为 20%，即有 80% 的悬移质在库区内沉淀。而日本类似前置库 SS 去除率约为 60%，本项目悬移质去除率按 50% 设计，东大河悬移质多年平均来沙量为 35920t，则每年悬移质沉沙量为 9970m³，相当于在该区域每年沉积 0.2m 泥沙。

C 泥沙处置

根据上述计算，本示范项目每年的沉沙量约为 24400t，折合 13570m³，可定期用泥沙泵将其抽出，用于附近鱼塘的基底修复。东大河口附近有鱼塘占地约 150 亩，鱼塘底高程约为 1886.0m，若基底修复高程按 1887.0m 考虑，可利用鱼塘处置 7 年的泥沙。前置库拟选用 AV 排砂泵 2 台，并配备 2 条小船作为工作平台，将泥沙就近抽入鱼塘。采用德国 ABS 公司抗堵塞专有技术制造的产品，具有撕裂机构，能把纤维状物质撕裂、切断，叶轮槽道可有效通过直径 $\phi30$ ～ 50mm 的固体颗粒。

9.8.3.6 植物浮岛

通过生物浮岛技术、沉水植物、浮叶植物和挺水植物净化技术，形成交错复杂的水流体系加大河水在前置库中的滞留时间；利用微生物及水生植物根系转化、吸附、吸收、离子交换、络合反应等，使水体中的有机物、氮和磷等营养物质发生复杂的物理、化学和生物转化吸收，从而达到去除水体的营养成分。本示范项目拟在一般沉淀区内靠近围隔一侧及防浪堤附近，布置 80 组生态浮岛，每个长 6m，宽 3m，总面积 1440 m²。浮岛为竹筏浮床框架结构，上面种植李氏禾（草本）、水葱、美人蕉等水生（湿生）植物，见图 9-1。

9.8.3.7 管理维护设施

为便于前置库的维护和管理，需从东大河老河口修建泥结石管护道路长约 370m，路宽 5m，占地 2.5 亩。架设供电线路 500m。拟于东大河口右岸建砖混结

图9-1　生态浮岛

构管理用房20m²，并配备2艘小木船，作为排砂泵的工作平台及浮岛维护的交通设施。

9.8.3.8　主要工程量

前置库工程量见表9-7。

表9-7　前置库主要工程量

名　称	格　栅	沉沙池	水体分隔带	管护道路
土方开挖/m³	1910	18313		381
浆砌石/m³				990
C15混凝土/m³	14.25			47.68
木桩（6m长）/根			5349	
木桩（4m长）/根	37		5358	
编织袋装土/m³			1650	
土方回填/m³			578	4480
钢材/t	4.374		1.36	
排砂泵/套	2			
小木船/艘	2			
供电线路/m	500			

注：植物浮岛为1440m²，管理用房20m²。

9.8.4　河口湿地恢复设计工程量

9.8.4.1　区域位置

（1）项目区现状调查。本项目区位于晋宁县昆阳镇兴旺村东大河入湖口两侧，在湖滨核心区范围内。拟建的湿地面积44741m²，约67亩，其中有57亩（35992m²）为鱼塘，全部在界桩内。

（2）项目区地形。东大河入湖口两侧地势平坦开阔，河段为人工新开挖河道，是目前东大河的主河道。河道内长有芦苇、水葫芦、水花生等多种水生植物，河口两侧为鱼塘，鱼塘堤埂为土石结构。鱼塘堤坝种有柳、杨、桃、李等树木。鱼塘堤坝高程为 1888.2 ~ 1889.0m，鱼塘的底高程为 1886.3 ~ 1887.0m。

（3）土地利用。建设区域内均为鱼塘，有零星看守鱼塘的临时建筑。临时建筑以简陋石棉瓦房为主。鱼塘边的堤埂上多开辟有小块的菜地，并种有柳、桃、梨等水果树。土地状况见表9-8。

表9-8 区域内土地利用及现存设施列表

鱼塘水面/亩	建筑物/m²	其他(堤、路、空地)/亩	防浪堤/m
57	177	10	593

9.8.4.2 方案设计

河口两侧鱼塘现状底高程为 1886.3 ~ 1887.0m，滇池正常水位 1887.4m 时对应水深为 0.7 ~ 0.4m，适宜种植沉水、挺水植物。旱季，可以引一部分东大河水进入两侧湖滨湿地，通过湿地对河水进行净化。雨季承担部分流量。湿地为表流湿地，面积 67 亩，以 0.3m 过流水深算，容积 13400m³。设计处理流量为 10000m³/d，则水力停留时间为 1.34d。通过进水分析，结合湿地结构和水力停留时间，设计对污染物的去除率为：SS 50%，TN 20%，COD 40%，TP 30%。河口湿地的工艺流程如图9-2所示。

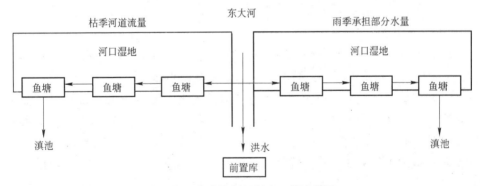

图9-2 东大河河口湿地工艺流程图

9.8.4.3 湿地恢复设计

A 基底修复

鱼塘的底高程在 1886.3 ~ 1887.0 之间，湖滨湿地建设中，有必要把鱼塘底高程修复到 1887.0m。正好可以利用前置库建设中开挖的土方，进行基底修复。在河口前置库开挖中，共产生土方 20224m³。湖滨湿地建设区共有 11 个鱼塘。在修复基底到高程 1887.0m 时，可直接消耗土方 14788m³。此外，可以把部分鱼塘周边修复到1887.4m，可就地平衡剩余的5436m³开挖土方。鱼塘高程及基底修复填方量见表9-9。

表9-9　鱼塘底高程状况及基底修复填方量

鱼塘序号	底高程/m	需填高度/m	面积/m²	填土/m³
1	1886.8	0.2	2296	459.2
2	1886.6	0.4	3769	1507.6
3	1886.8	0.2	1018	203.6
4	1887.0	0	3655	0
5	1886.5	0.5	3865	1932.5
6	1886.5	0.5	5456	2728
7	1886.5	0.5	5385	2692.5
8	1886.3	0.7	2255	1578.5
9	1886.6	0.4	4610	1844
10	1886.5	0.5	3683	1841.5
11	1887.0	0	2017	0
合　计			38009	14788

注：剩余的前置库开挖土方用于部分鱼塘周边修复到1887.4m² 用土。

B　堤坝破口

把河堤、鱼塘堤埂、防浪堤破口，形成连通的水路，进行湿地的布水。

C　植物引种

（1）乔木。在塘埂等高的区域，种植以滇鼠刺、柳树为主的乔木，密度不宜太大；分散在鱼塘堤埂上，柳450棵，滇鼠刺1000棵。

（2）湿生植物。由于东大河河水多年沉积作用，该区域以沙土为主，适宜于本地芦苇的大规模生长。因此，挺水植物将主要以种植芦苇为主，共种植156250丛。此外，在适当区域交错种植茭草和鸢尾。共种植茭草68750丛，鸢尾2000丛。湿地植物引种及栽种情况见表9-10。湿地建成后，将形成壮观的绿色

表9-10　植物引种及栽种方式表

名　称	数　量	密度/m×m	栽种方式
垂柳	450棵	2×2	扦插繁殖
滇鼠刺	1000棵	2×2	扦插繁殖
芦苇	156250丛	0.5×0.5	分株繁殖
茭草	68750丛	0.5×0.5	分株繁殖
鸢尾	2000丛	0.5×0.5	分株繁殖

湖滨生态带，以芦苇为主，与茭草交错。中间点缀有柳、滇鼠刺和鸢尾，具有很好的景观效应。同时，湿地将为鸟类鱼类和其他动物提供栖息、繁殖和觅食场所。将有利于提高该地区的生物多样性，提高湖滨生态系统的稳定性。

　　D　租地

　　项目区的土地多为闲置鱼塘，土地权属昆阳镇兴旺村集体所有，考虑以租地的方式建设河口湿地。总租地面积67亩，租地费用约1500元/（亩·年）。

9.8.4.4　河口湿地恢复工程量

　　东大河河口生态湿地恢复工程量见表9-11。

表9-11　东大河河口湿地主要工程量

项目	内容		单位	数量	备　注
退塘	清退鱼塘		亩	57	以租借形式获得土地使用权
湿地建设	总面积		亩	67	
	基底修复		m³	20223	利用前置库开挖土方填方
	拆除临时建筑物		m²	177	土木结构
	拆除鱼塘坝埂		m		
	植物引种	柳树	棵	450	
		滇鼠刺	棵	1000	
		芦苇	丛	156250	
		茭草	丛	68750	
		鸢尾	丛	2000	

9.9　工程区布局图

　　这里给出本次示范工程的主体工程图，包括：植物布置图、总平面布置图、水体分割带安装图及拦污栅等主要图件。

　　工程实施前后的现场情况见图9-3～图9-10。

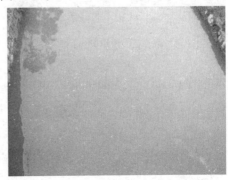

图9-3　示范工程建设前入滇池河口及东大河河道

图9-4　示范工程建设过程中

图9-5　水生植物区及浮岛区

图9-6　浮岛水生植物搭配

图 9-7 植物布置图

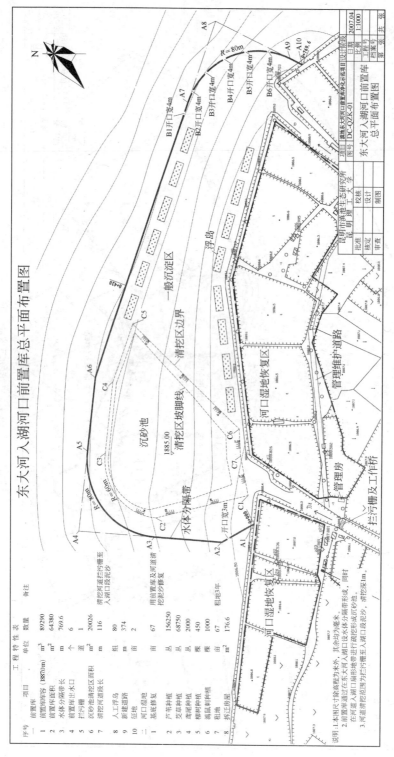

图9-8 总平面布置图

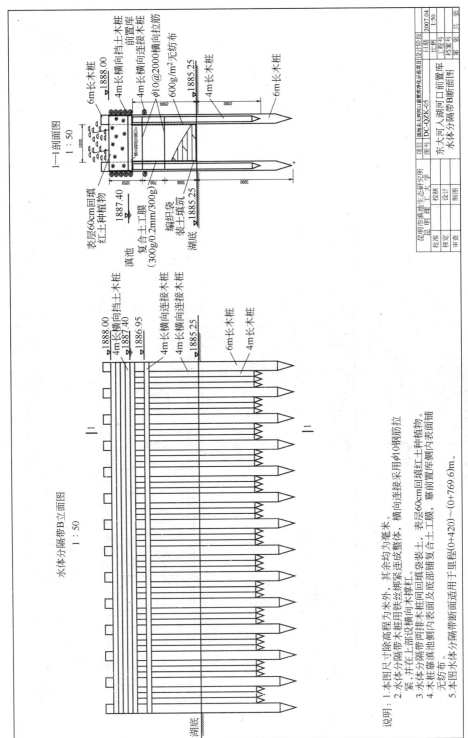

图 9-9 水体分隔带立面 (B)、剖面图

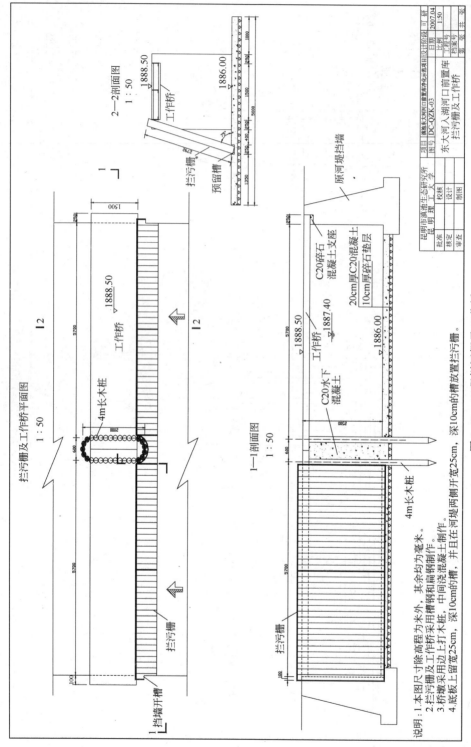

图 9-10 工程拦污栅及工作桥

9.10 工程投资估算

本示范项目工程估算投资为 884.72 万元，其中建筑安装工程费为 745.44 万元，其他费用 139.28 万元。建筑安装工程费：前置库为 394.1 万元，河口湿地 89.96 万元，稀土吸附剂水质净化 257.98 万元。详见投资估算汇总表 9-12。

表 9-12　估算汇总表　　　　　　　　　　　　（万元）

编号	工程或费用名称	建安工程费	设备购置费	其他费用	投资合计
1	第一部分建筑安装工程费	484.11	3.35	257.98	745.44
(1)	前置库部分	394.15			394.15
(2)	河口湿地	89.96			89.96
(3)	液可清			257.98	257.98
(4)	沉淀池维护设备		3.35		3.35
2	工程建设其他费用				138.41
(1)	建设单位管理费，财建［2002］394 号文			5.27	5.27
(2)	建设场地准备费 1.0%			4.87	4.87
(3)	建设工程监理费			2.63	2.63
(4)	前期咨询费			5.00	5.00
(5)	设计费			22.00	22.00
(6)	监测研究费（三年）			60.00	60.00
(7)	招投标代理服务费 0.2%			0.97	0.97
(8)	勘测费			4.31	4.31
(9)	施工预算编制费，设计费×10%			0.22	0.22
(10)	征地费			16.00	16.00
(11)	拆迁费			7.08	7.08
(12)	租地费（一年）			10.05	10.05
	第一、二部分费用小计				883.85
3	第三部分费用				0.00
	总投资				883.85

9.11 示范工程效益分析

9.11.1 环境效益分析

(1) 拦截河道垃圾，沉淀泥沙。项目实施后，格栅每天都对河道垃圾进行拦截，减少了入湖垃圾的量。而前置库对河水泥沙和悬浮物进行有效沉淀，并定期清运。减少了河道泥沙在滇池的沉积，防止河床和湖盆变浅，保证河道畅通。

（2）净化水质，有效控制面源污染。前置库总面积 6.44 万平方米，通过沉淀区、植生区、吸附剂净化区的综合作用，每年经沉淀、吸收和降解可削减入湖污染物 SS 113.7t、TN 1.31t、TP 0.547t 和 COD 约 22.9t，清除入湖泥沙 24400t。对该区域的面源污染进行有效控制。此外，约 67 亩的河口生态湿地也对东大河水进行生物净化，对削减入湖污染负荷、提高水质将发挥积极作用。

9.11.2　生态效益分析

（1）提高生物多样性。前置库中分布有浮岛、挺水植物、漂浮植物和沉水浮叶植物等，形成了一个有机生态系统。河口湿地中也搭配种植了多种湿地植物。浮岛、河口湿地为鸟类和昆虫等提供了栖息、繁殖和觅食的场所，而项目区中的水生植物也为鱼类等水生动物提供了产卵、觅食的场所，有利于提高生物多样性，提高整个系统的生态稳定性。

（2）建立生态缓冲带。河口湿地和前置库的存在，形成了东大河入湖口处规模很大的生态屏障，将能对该区域入湖的泥沙及其他污染负荷起到净化和缓冲作用，减少径流及污染物对该区域的影响。

（3）抑制蓝藻。在前置库中，由于水生植物的存在，和蓝藻竞争光、养分等，从而能减少蓝藻的暴发，减少蓝藻暴发时的生物量。

9.11.3　社会效益分析

（1）景观效益。项目实施后，前置库中有浮岛，河口湿地中大片的湿生植物搭配种植，这些植物带为环境增添了绿色，并由于绿色的存在，招引了水鸟等，从而为环境带来了生命力，成为有环境景观美感的河湖生态交接带。

（2）示范作用。"十二五"计划中，河道整治是重点内容之一，该项目的建成和运行，将对滇池流域相关河流的整治提供示范和参考作用。

（3）公众环保教育。项目实施过程是公众环境保护教育、生态教育的过程。项目区附近居民通过亲身参与项目建设及亲身体验生态环境改善带来的好处，将增进对生态保护和滇池保护的了解，在潜移默化中唤醒和更新环境保护观念，并通过组织人员进行参观和教育，有助于区域内人口素质的提高，有利于提高沿岸公众的生态保护意识和环境保护意识。

10　工程后续管理模式探讨

10.1　前置库社区共管模式

10.1.1　社区共管模式的概念

社区共管（Community-based Wetland Management）是一种全新的政府各部门和经济、社会各层面参与的管理模式，目的在于实现高原湖泊治理——河塘库湿地工程的长期有效运行。社区共管是指当地社区共同参与管理方案的决策、实施和评估的过程，其主要目标是生物多样性保护和社区可持续性发展的结合。通过社区共管，可以吸引当地社区居民参与项目管理，从项目开始的咨询和论证，到项目的计划、确定、设计、实施和评估，都能得到参与的机会。当地社区的参与不仅体现在对一些战略性决策的参与，还要让社区有机会参加日常的湿地项目共管工作。实行社区共管是解决管护机构对环境和资源的强制性保护与区内居民开发利用自然资源和环境之间矛盾的一个最佳途径。

社区共管的一个基本精神就是立足地方基层，坚持政府指导与社会共同参与相结合，民间活动与政府行为相配合。社区共管鼓励并引导当地居民和社区组织参与湿地管理工作，可以培养湿地当地居民湿地保护的意识，提高政府、非政府组织、当地社区在湿地恢复和合理利用方面的能力。社区共管的内容和形式可以是多种多样的。社区共管是一种湿地自然保护区与周边社区长期共生、共存、共同发展的管护模式。

10.1.2　社区共管模式的意义

（1）公众参与是实现可持续发展观的重要措施。湿地问题的产生很大程度上是因为人们对湿地资源过度利用的后果。由于之前传统的、不可持续开发利用湿地资源的方式，湿地危机愈演愈烈。利用湿地是为了满足当代人的需要，保护湿地既是为了满足后代的需要，也是维护当代人利益的必要行为。要确保经济的持续发展，资源的合理利用，就要坚持保护湿地生态系统，按照合理利用、持续发展的原则，及早转变重利用轻保护的思想。保护湿地是功在当代、福及子孙、有利于全人类的公益性事业，它的成功和顺利发展有赖于当地社区的努力，只有通过公众参与这一形式，才能实现对湿地的全面、系统、有效管理，才能协调好人与环境的关系，实现人与自然的和谐共处。

（2）公众参与有利于提高公民湿地及生态保护的意识。虽然国家正逐步加大对湿地保护事业的投入，但湿地保护作为一项新兴事业，目前普通居民对湿地的价值和重要性尚缺乏足够的认识，湿地保护和合理利用的宣传、教育工作滞后于经济发展和资源保护形势的要求。因此推进湿地保护的公众参与程度，对于提高公众对湿地各种功能、效益方面的认识，强化公众的湿地保护意识和资源忧患意识，形成有利于所恢复湿地可持续发展的大环境和良好氛围具有深远作用。

（3）公众参与是杜绝湿地遭受人为破坏的可靠保证。湿地丰富的物种资源与土地资源是人们开发、围垦湿地的主要目的。引入公众参与湿地管理的机制，使公众从旁观者变为主动的湿地保护者，从单纯资源利用到尊重生态协调、可持续利用资源的生产生活方式的转变；也只有公众参与湿地保护，才能影响管理部门的决策，并对政府管理行为做出自己的评价和选择。

（4）公众参与有助于政府对湿地全方位的管理。政府职能的转变要求政府将原先包揽的一些社会职能还给社会，让公众来管理公共事务。公共事务的责任分担，不仅仅是扩大了社会责任的覆盖面，实质上是开发利用了高品质的社会资源，大大增加了公共物品和公共服务的有效供给量，给飞速发展变化的社会添加了新的生机和活力。公众参与湿地管理可以加强政府决策的公开性、透明度，使政府决策和管理更符合民心民意，反映实际情况，有利于解决和处理问题，实现对湿地问题的全方位、全过程管理。作为非政府的民间力量，公众参与可以通过将民间的意见和需求反馈给政府，使政府在决策过程中更多地考虑到社会整体利益，提高决策质量。同时，公众的积极参与也可以减少政府跟踪、检查等活动的执行，从而有助于政府管理成本的降低。

10.1.3　社区共管模式

在高原湖滨湿地严重退化的情况下，河口湿地良性生态系统的恢复具有显著的示范作用，而社区参与湿地管理，是河口湿地得以长期保存并发挥各项生态环境效益的保障。

（1）社区参与模式。

1）引入当地居民代表进入湿地管理机构。湿地日常管理机构由政府部门、项目专家、周边地区居民代表等组成，在决策过程中遵循共同协商的原则，以湿地保护与社区发展双赢为前提。计划实施中要吸引湿地当地居民参与项目的所有活动，明确各方的权利义务，共同对项目实行进行监督、沟通、评估。

2）湿地管理部门同湿地周边村民达成湿地管理协议，组织村民对湿地进行自觉自愿的管理，同时，将湿地管理的一些有偿劳动交付当地村民来完成，例如湿地植物的定期收割、枯树枝叶的清理、水葫芦的清理打捞等，让村民在参与湿地维护工作的同时获得相应的经济收益；同时，未来湿地开发旅游及物产的收入，当地村民可根据参与湿地社区管理的工作量而得到其相应的份额。

（2）"公司+农户"共管模式。公司组建以政府主导，农户自愿以自留地、承包地（经营权）入股的形式组建"开发建设有限责任公司"，具体负责湿地的生态系统恢复、开发建设和经营管理。农户保留承包权，以使用权入股（股权不得进行转让），公司保障农户年1200元/亩收益，并应随物价上涨等因素协商更改，以不低于农民同期土地耕作收益为前提。

此外，项目建设管理机构保障入股农户每户一人的工作安排，未进入公司的农户，由洱海管理局聘用作为滩地管理员、垃圾收集员、水面保洁员等。

10.2 示范工程后续管理探讨

前置库在建成以后，在投资资金内安排了三年的运行管理经费，三年以后，如何继续保证其正常运行是一个必须要面对的重要问题。

该前置库系统运行过程是自然生态净化过程，运行费用不是很高，主要集中在格栅垃圾打捞，植物的收割，前置库1~2年一次的清淤。为保证该系统能长期发挥作用，主要解决方法有以下四个方面：

（1）继续申请后续研究经费，支配部分资金作为管理费用。前置库建成后，是一个很好的科研基地，可以开展很多相关科学研究工作。因此，可以根据国家和当地的需求，以及研究领域的需求，进行一些热点和难点问题的研究。向国家、省、市相关部门申请研究基金，研究基金中支配一小部分作为管理运行经费，可以确保前置库系统的运行。

（2）按《滇池东大河污染控制详规》恢复该区域湿地时，争取支配一部分资金。由于前置库及其两侧的大量鱼塘都在界桩以内，是《滇池东大河污染控制详规》中规定的以后要恢复建设的内容。

因此，在以后开展湿地恢复中，鱼塘恢复成湿地时，要进行基底修复，可继续利用前置库沉积的泥沙进行基底修复，也解决了泥沙处置问题；同时，可以利用已建河口湿地中的植物移栽引种。在这个过程中是个互利过程，可争取一定的资金用于前置库的管理运行。

（3）交地方政府及相关单位进行管理。前置库建成后，将给地区带来显著生态、环境、社会效益。为控制当地面源污染，改善水体环境和景观环境将发挥重要作用。因此，为确保该系统继续发挥作用，应该采取"谁受益，谁管理"的模式。应该建议地方政府和相关机构每年拨出部分运行费用。

主要的费用是一个管理员500元/月的工资，及一年一次的垃圾和泥沙清运。

前置库运行费用不是很高，因此，也不会给地方政府和滇池管理局带来经济负担。因此，应该移交相关地方机构，进行适当管理，以继续发挥成效。

（4）湿地"经济管理模式"的探索。可以无偿通过栽种经济湿地植物，使一部分人获利，但是这部分人必须分配一定的人力和资金，管理维护好前置库系统。这种模式在今后进行探索和尝试是很有必要的。

10.3　跟踪监测管理

每个月对前置库进出水检测一次，此外，进行物种和生物多样性等研究，及前置库净化技术的改进研究，计划跟踪研究三年。

10.3.1　主要研究内容

（1）河口前置库的容积设计，包括合适的水力停留时间；合理的深度（不要超过透光层，一般小于 3m）；底泥清淤的周期和方式（可考虑安装排泥口）；创造硝化-反硝化的条件探索，使其具有脱氮除磷的功能。

（2）前置库各功能区的容积分布，包括沉淀区、湿地生态系统、浅水生态系统和深水生态系统的布局。

（3）沉淀区投加锁磷剂等对磷沉淀的影响，湿地、浅水、深水生态系统植物群落的配置和水生动物的移入，探索经济性物种对氮磷和有机物的去除性能。

（4）对各功能区去除污染物机理的探索，包括污染负荷模型和净化模型的建立。

10.3.2　水质监测方案

10.3.2.1　监测点布设

设 6 个水环境监测点，3 个浮岛研究点。监测点布点位置如图 10-1 所示。

（1）进水监测点。在兴旺村东大河前置库垃圾拦截格栅处布设 1 个水质监测点，取水样 1 个进行水质分析，作为进水水质。

（2）沉砂池监测点。在前置库沉淀区中部和末端设两个断面，每个断面取混合水样 1 个进行水质分析，进行沉砂区水质净化效果分析。并在每个断面测定泥沙的沉积厚度，来测算泥沙沉积速率。

（3）一般沉淀区监测点。在一般沉砂池的中部和末端设两个断面，每个断面取表层混合水样，每个断面取混合水样 1 个进行水质分析，进行沉砂区水质净化效果分析。并在每个断面测定泥沙的沉积厚度，来测算泥沙沉积速率。

（4）浮岛区监测点。选择 3 个浮岛，对水生植物进行分析，包括根部对颗粒污染物的吸附研究，以及 N、P 含量分析，最后可根据生物量算出一年来浮岛对污染物的削减量。

（5）出水口监测点。在前置库的出水口取一混合水样，作为总出水水质。

监测点布点位置见图 10-1。

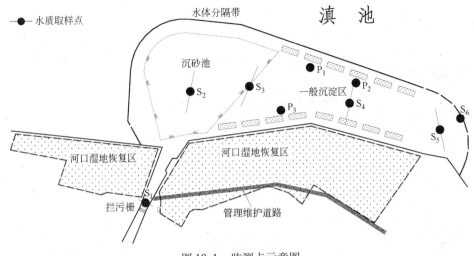

图 10-1 监测点示意图

10.3.2.2 监测频率，现场测定指标

工程运行期内每月监测一次，雨季加密，每年至少监测两场暴雨过程。

现场的测定指标有：

（1）进、出水流量测定：在东大河标准断面处用测定流速、水深和断面宽度，计算出流量。

（2）透明度（SD）：用标准透明度板在每个采样点上测量。

10.3.2.3 水质分析指标

依据本项目以去除 SS、TN、TP、COD_{Cr} 等污染物质为主，常规水质分析主要有以下指标：SS、TN、NH_3-N、TP、COD_{Cr}、chl-a。监测指标见表 10-1。

表 10-1 东大河入湖口前置库监测研究工作量表

调查项目	测定项目	调查地点	调查频率	备注
泥沙堆积速度	泥沙层厚度	整个区域	1 次/月	
流量观测	流速	进出水口	1 次/月	
水位		中心点	1 次/月	
定期水质调查	现场调查：SD，流速 水质分析：SS、TN、NH_3-N、TP、 COD_{Cr}、chl-a	6 个水环境监测点	1 次/月	
定期底质调查	厚度、有机质、TN、TP	6 个水环境监测点	1 次/月	
浮岛植物分析	测定生物量		1 次/半年	
	植物样分析：N、P	3 个浮岛	1 次/月	
雨季综合调查	流量、进出水质分析、水位			暴雨期，从产生径流到结束，连续监测两次

10.3.3　费用测算

根据监测研究工作量，经初步测算，前置库三年监测研究约为 60 万元。费用组成见表 10-2。

表 10-2　前置库监测研究费用测算表

开 支 科 目	金额/万元	备　　　注
1. 实验材料费	13.0	
（1）分析药剂及易耗材料费	8.0	
（2）采样和交通等费用	5.0	
2. 科研业务费	42.0	
（1）样品分析测试费	15.0	
（2）调查、研究费	25.0	现场调查、研究、咨询、出差等
（3）资料检索费	2.0	标准查询检索、查新等
3. 其他费用	5.0	资料复印、打印、不可预见费用等
合　　　计	60.0	

冶金工业出版社部分图书推荐

书　　名	作　　者	定价(元)
合成氨弛放气变压吸附 　提浓技术	宁　平　陈玉保　著 陈云华　杨　皓　著	22.00
黄磷尾气催化氧化净化技术	王学谦　宁　平　著	28.00
矿山重大危险源辨识、评价及 　预警技术	景国勋　杨玉中　著	42.00
噪声与电磁辐射	王罗春　周　振　赵由才　主编	29.00
安全原理	陈宝智　编著	20.00
氮氧化物减排技术与烟气 　脱硝工程	杨　飏　编著	29.00
钢铁冶金的环保与节能	李克强　等编著	39.00
高硫煤还原分解磷石膏的 　技术基础	马林转　等编著	25.00
化工安全分析中的过程故障诊断	田文德　等编著	27.00
环境工程微生物学	林　海　主编	45.00
环境污染控制工程	王守信　等编著	49.00
环境污染物毒害及防护	李广科　云　洋　赵由才　主编	36.00
环境影响评价	王罗春　主编	49.00
矿山环境工程（第2版）	蒋仲安　主编	39.00
能源利用与环境保护	刘　涛　顾莹莹　赵由才　主编	33.00
能源与环境	冯俊小　李君慧　主编	35.00
燃煤汞污染及其控制	王立刚　刘柏谦　著	19.00
生活垃圾处理与资源化技术手册	赵由才　宋　玉　主编	180.00
冶金过程废水处理与利用	钱小青　葛丽英　赵由才　主编	30.00
医疗废物焚烧技术基础	王　华　等著	18.00